机械设计制造及自动化专业本科系列教材

机械精度检测实验指导

主　编　易力力
副主编　康　玲　陈柳松

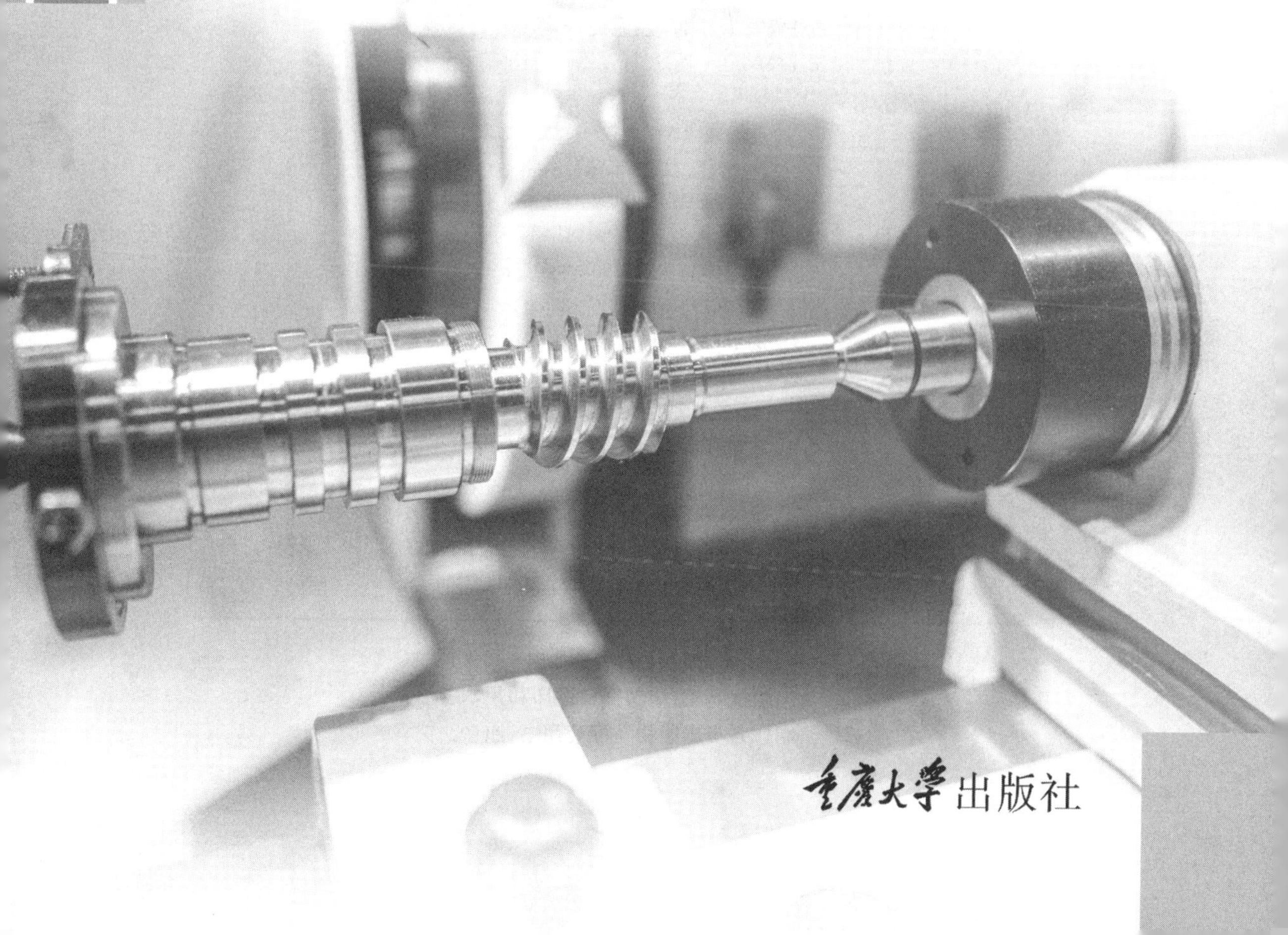

重庆大学出版社

内 容 提 要

本书是教育部产学合作协同育人项目的成果,从双一流学科和新工科建设出发,将实验教学与工程应用紧密结合,其主要内容包括:轴孔类零件测量及合格性判断、形位公差测量、零件表面粗糙度测量、齿轮参数及精度测量实验,此外,本书还引入前沿的技术发展现状,阐述了先进机械精度检测技术内容。

本书可作为高等学校机械类各专业的实验教学用书,也可作为近机械类和非机械类专业的机械设计课程配套实验教学用书,部分实验内容还可作为开展大学生机械创新设计竞赛活动的参考资料。

图书在版编目(CIP)数据

机械精度检测实验指导 / 易力力主编. -- 重庆 :
重庆大学出版社, 2021.5
机械设计制造及其自动化专业本科系列教材
ISBN 978-7-5689-2622-5

Ⅰ. ①机… Ⅱ. ①易… Ⅲ. ①机械制造—加工精度—
检测—高等学校—教材 Ⅳ. ①TH161

中国版本图书馆 CIP 数据核字(2021)第 053003 号

机械精度检测实验指导

主　编　易力力
副主编　康　玲　陈柳松
策划编辑:杨粮菊
责任编辑:杨粮菊　曾显跃　　版式设计:杨粮菊
责任校对:王　倩　　　　　　责任印制:张　策

*

重庆大学出版社出版发行
出版人:饶帮华
社址:重庆市沙坪坝区大学城西路 21 号
邮编:401331
电话:(023) 88617190　88617185(中小学)
传真:(023) 88617186　88617166
网址:http://www.cqup.com.cn
邮箱:fxk@cqup.com.cn (营销中心)
全国新华书店经销
重庆市国丰印务有限责任公司印刷

*

开本:787mm×1092mm　1/16　印张:8.75　字数:145 千
2021 年 5 月第 1 版　2021 年 5 月第 1 次印刷
ISBN 978-7-5689-2622-5　定价:32.00 元

前言

“机械精度设计”是机械类学生必修的一门重要的专业基础课，在机械工程学科知识结构中占有重要的地位。本课程的知识内容贯穿于机械产品的设计、制造、服役、维护等全生命周期中，是学生学习后继专业课程的基础，是联系设计类课程和工艺类课程的纽带，更是学生毕业后从事专业技术工作的支撑。该课程具有“四多一广”的特点，即名词术语多、符号多、标准规定与经验解法多、抽象概念多和知识面广。该课程既需要讲授互换性标准化、计量学及质量工程等基本概念，又需要讲授机械产品精度设计的方法和产品误差的测量评定方法，是一门多种技术交叉综合课程，学生掌握难度系数较大。与这门课程对应的精度检测实验课，通过实验过程让学生加深对机械精度设计理论知识的认识和理解，学会使用各种量具和仪器，分析处理各种实验数据，培养学生具备解决复杂工程问题的能力。

依托重庆大学机械工程双一流学科、机械传动国家重点实验室和国家级机械基础实验教学示范中心等国家级教学科研平台，围绕培养高层次应用型、创新型人才目标，深化实验教学体系、内容、方法的改革，编者组织编写了《机械精度检测实验指导》。本书旨在加强学生的工程实践能力和创新能力的培养，提高学生对本门课程知识的综合运用能力和解决复杂工程问题的能力，满足产业发展对人才知识结构需求。

本书是遵循双一流学科规划及机械类专业人才培养的要求而编写的，同时也能满足近机类与非机类不同层次的教学要求。本书的编写注重了以下几个方面：

(1)改革验证型实验，设计综合性实验

将“以学生为中心”作为目标，增强学生的主体意识，提升课堂教学效果。设计的综合性实验让学生将理论知识、公差标准、各种测量手段有机地结合起来，加深对知识体系的整体认识和掌握，对提高分析和解决实际工程问题的能力起到积极的促进作用。

（2）优化教学内容和教学环节

根据能力培养的需求，设计各板块教学内容及实施的时间、方式和要获得的学习成果，设计合理的评价体系。从能力培养的需求角度出发，将教材内容分为5个模块，即轴孔类零件测量及合格性判断、形位公差测量、零件表面粗糙度测量、齿轮参数及精度测量、先进机械精度检测技术。每一模块根据具体的培养要求，按照实验目的、实验内容、测量原理及仪器说明、实验步骤、注意事项、实验报告模板的顺序逐一展开描述，便于学生课前预习及课后完成实验数据的整理与分析。

（3）融合前沿技术，重构实验平台

依托机械传动国家重点实验室，在实验课程中引入前沿的机械精度检测技术和方法，使学生掌握高精度三坐标测量机、超景深显微系统、齿轮齿形齿向综合测量仪的使用和分析方法。在学习高精度三坐标测量机实验中，学生可以掌握零件平面度、圆度、同轴度等几何误差测量方法，掌握利用计算机完成测量数据检测、误差评定、误差结果分析的现代化手段，实现测量过程的自动化，同时，也能更好地激发学生的学习热情，拓展学生的思路，从而全面提升实验教学质量。

进一步提高高等学校基础课实验室的建设和管理水平，推进实验教学改革，保证教学质量，为高等学校培养适应新时代国家经济建设与社会发展需要的、具有国际竞争能力的高素质创新性人才创造条件，进行实验教学与实验教学体系改革是国家级机械基础实验教学示范中心长期以来研究的课题。本书正是在探索与研究实验教学实践的基础上，通过认真总结、不断完善而构建的。参加本书编写的有易力力（实验3、实验5、教材规划与集成）、康玲（实验2、实验4）、陈柳松（实验1、实验报告）。

几年来，在实验教学体系与实验室改革建设、实验教材的体系构成与编写、应用实践与完善中，刘飞副教授、陈锐副教授给予了悉心的指导、支持和帮助；宋朝省教授对教材的构建编写提出了宝贵的意见；本书还得到了重庆大学机械工程学院的部分资助，在此一并表示感谢。

由于编者水平有限，书中不足之处在所难免，希望使用本书的同行批评指正。

编　者

2021年1月

目录

实验 1

轴孔类零件测量及合格性判断

1.1 实验目的

①掌握零件合格性判断的原则和方法。

②掌握确定尺寸公差和形位公差之间相互关系的原则。

③掌握测量器具选择的方法。

④掌握扭簧比较仪和内径百分表进行相对测量的原理和方法。

1.2 实验对象和设备

(1)实验对象

如图 1.1 所示阶梯套零件中 $\phi50$ 轴及 $\phi36$ 孔的尺寸,并进行合格性判断。

(2)实验设备

①哈量扭簧比较仪 $\phi28 \times 0.001$ mm 及比较仪检验台。

②哈量内径百分表表架(测量范围为 100 ~ 160 mm)及百分表。

③外径千分尺。

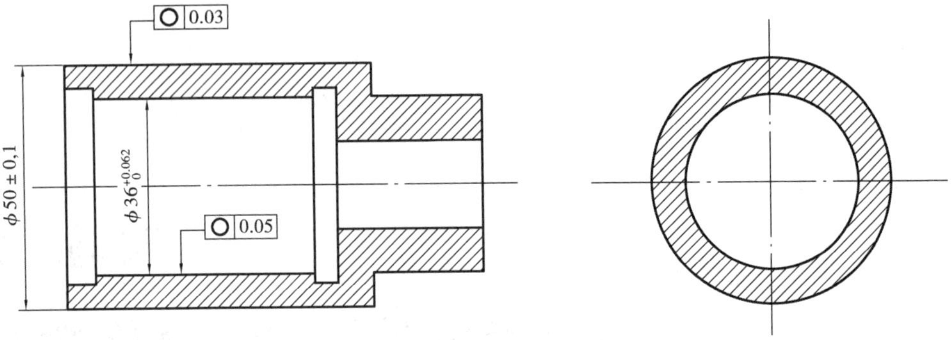

图 1.1　阶梯套

1.3　测量原理及仪器说明

1.3.1　(GB/T 3177—2009)的适用范围

GB/T 3177—2009《产品几何技术规范(GBS)　光滑工件尺寸的检验》适用于工厂车间常用的普通计量器具(如游标卡尺、千分尺、比较仪、百分表、千分表等),检测公差等级为IT6～IT18,基本尺寸至500 mm,采用包容原则和有配合要求的尺寸。对非配合尺寸和一般公差按不内缩方式验收。

1.3.2　公差原则

公差原则是确定尺寸公差和形位公差之间相互关系的原则。公差原则包含独立原则和相关要求,相关要求分为包容要求、最大实体要求和最小实体要求。

公差原则的国家标准包括 GB/T 4249—2009《产品几何技术规范(GPS)　公差原则》和 GB/T 16671—2018《产品几何技术规范(GPS)几何公差　最大实体要求(MMR)、最小实体要求(LMR)和可逆要求(RPR)》,表 1.1 介绍公差原则的应用。

表 1.1　公差原则的应用

示　例	公差原则	局部实际尺寸	允许轴线直线度误差	补偿值	边界尺寸
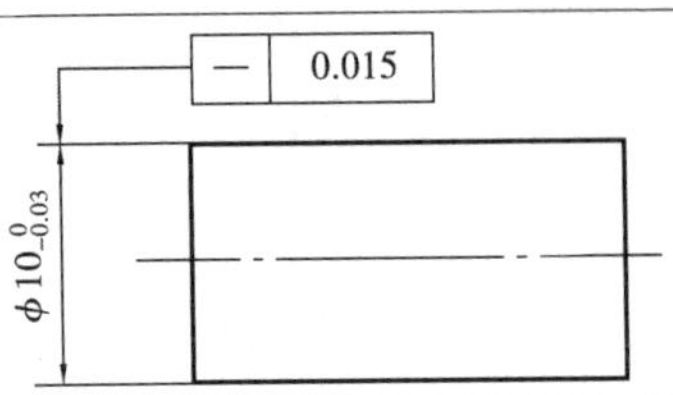	遵守独立原则	ϕ10	ϕ0.015	—	—
		ϕ9.99			
		ϕ9.98			
		ϕ9.97			

续表

示　例	公差原则	局部实际尺寸	允许轴线直线度误差	补偿值	边界尺寸
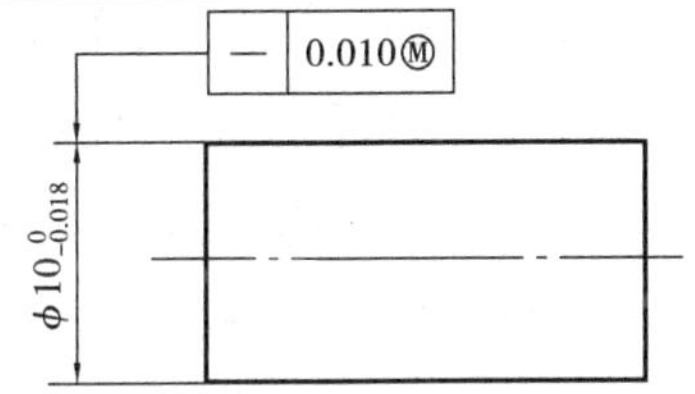	遵守最大实体要求Ⓜ	φ10	φ0.010	0	单一实效边界尺寸φ10.01
		φ9.955	φ0.015	φ0.005	
		φ9.990	φ0.020	φ0.010	
		φ9.985	φ0.025	φ0.015	
		φ9.982	φ0.028	φ0.018	
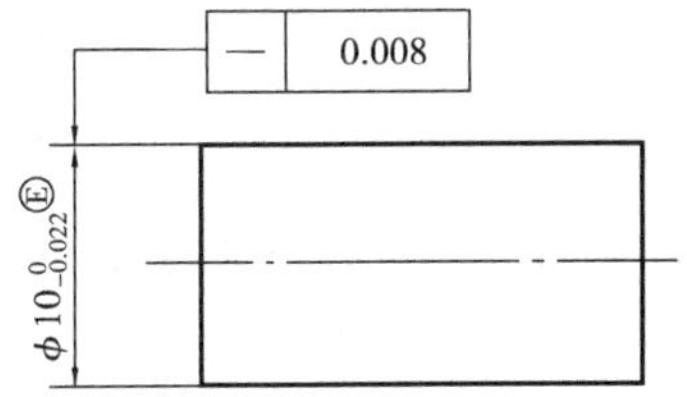	遵守包容原则并对直线度误差有进一步要求Ⓔ	φ10	0	0	最大实体尺寸φ10
		φ9.998	φ0.002	φ0.002	
		φ9.995	φ0.005	φ0.005	
		φ9.992	φ0.008	φ0.008	
		φ9.985			
		φ9.978			
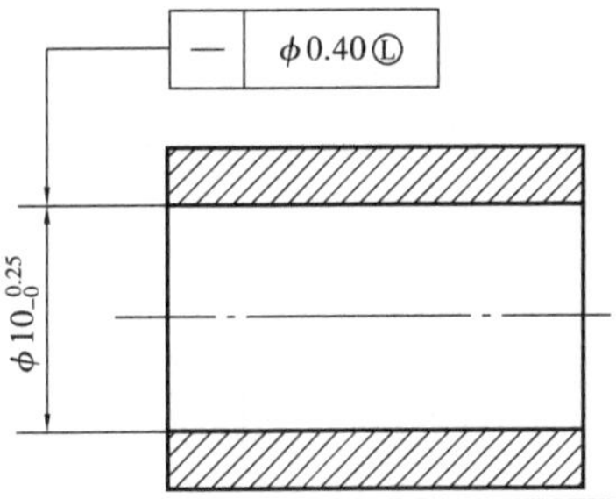	遵守最小实体要求Ⓛ	φ10.25	φ0.4	0	单一实效边界尺寸φ10.65
		φ10.20	φ0.45	φ0.05	
		φ10.15	φ0.50	φ0.10	
		φ10.10	φ0.55	φ0.15	
		φ10.05	φ0.60	φ0.20	
		φ10	φ0.65	φ0.25	
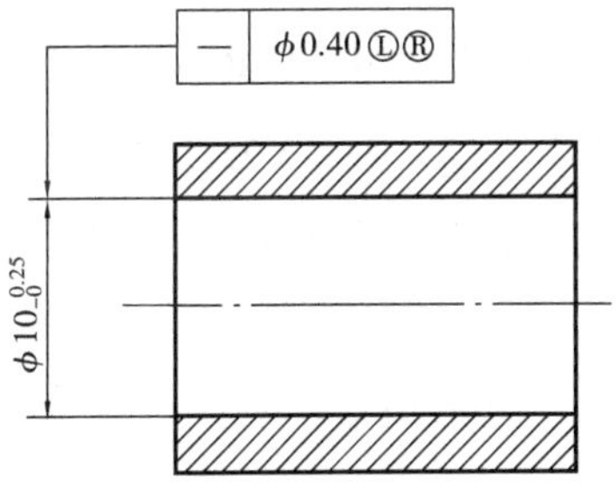	可逆要求应用于最小实体要求Ⓡ	φ10.25	φ0.40	0	单一实效边界尺寸φ10.65
		φ10.35	φ0.30	φ0.1	
		φ10.45	φ0.20	φ0.2	
		φ10.55	φ0.10	φ0.3	
		φ10.65	0	φ0.4	
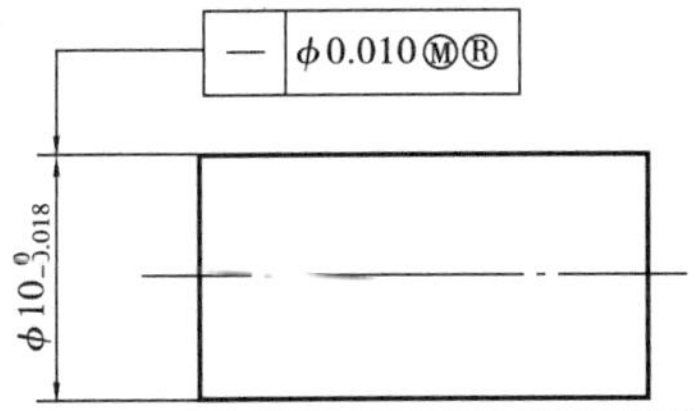	可逆要求应用于最大实体要求Ⓡ	φ10	φ0.01	0	单一实效边界尺寸φ10.01
		φ10.005	φ0.005	φ0.005	
		φ10.010	0	φ0.010	

1.3.3 安全裕度和验收极限

当采用普通测量器具测量孔、轴尺寸时，由于测量误差的存在，被测尺寸的真值可能大于或小于其测量结果。因此，如果只根据测量结果是否超出图样给定的极限尺寸来判断其合格性，即以极限尺寸作为验收极限，当测量结果处于最大或最小极限尺寸附近时，有可能造成对产品合格性的误判。为了避免误判，在验收产品时，我们采用的验收方法应只接收位于规定的尺寸极限之内的工件，为此需要根据被测件的精度高低和相应的极限尺寸，确定其安全裕度 *A* 和验收极限。

(1)**安全裕度 *A***

安全裕度 *A* 是测量中总不确定度的允许值，主要由两部分组成：测量器具不确定度允许值 μ_1、测量条件引起的测量不确定度允许值 μ_2。μ_1 表征由计量器具内在误差所引起的测得的实际尺寸对真实尺寸可能分散的范围，μ_2 表征测量过程中由温度、压陷效应及工件形状误差等因素所引起的测得的实际尺寸对真实尺寸可能分散的范围，故计量器具的选择按 μ_1 来选。

GB/T 3177—2009《产品几何技术规范(GBS)　光滑工件尺寸的检验》中规定的 *A* 值列于表 1.2。

(2)**验收极限**

验收极限是检验工件尺寸时判断合格与否的具有一定置信水平的尺寸界限。

1)内缩方式

为了保证被判断为合格的零件的真值不超出设计规定的极限尺寸，根据 GB/T 3177—2009《产品几何技术规范(GPS)　光滑工件尺寸的检验》的适用范围，当尺寸公差精度等级较高和采用包容要求时有配合要求的尺寸，如图 1.2 所示，应采用内缩方式对零件尺寸进行验收。

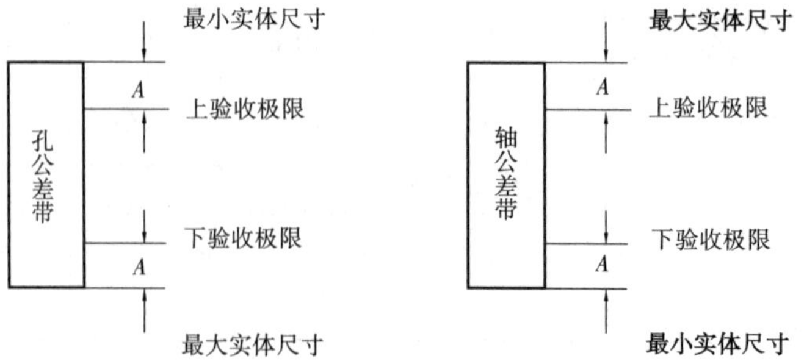

图 1.2　孔和轴的验收极限

表 1.2　安全裕度 A 与计量器具的测量不确定度允许值 μ_1

单位：μm

公差等级		6					7					8					9					10					11				
公差尺寸/mm		T	A	μ_1			T	A	μ_1			T	A	μ_1			T	A	μ_1			T	A	μ_1			T	A	μ_1		
大于	至			Ⅰ	Ⅱ	Ⅲ			Ⅰ	Ⅱ	Ⅲ			Ⅰ	Ⅱ	Ⅲ			Ⅰ	Ⅱ	Ⅲ			Ⅰ	Ⅱ	Ⅲ			Ⅰ	Ⅱ	Ⅲ
—	3	6	0.6	0.5	0.9	1.4	10	1.0	0.9	1.5	2.3	14	1.4	1.3	2.1	3.2	25	2.5	2.3	3.8	5.6	40	4	3.6	6.0	9.0	60	6.0	5.4	9.0	14
3	6	8	0.8	0.7	1.2	1.8	12	1.2	1.1	1.8	2.7	18	1.8	1.6	2.7	4.1	30	3.0	2.7	4.5	6.8	48	4.8	4.3	7.2	11	75	7.5	6.8	11	17
6	10	9	0.9	0.8	1.4	2.0	15	1.5	1.4	2.3	3.4	22	2.2	2.0	3.3	5.0	36	3.6	3.3	5.4	8.1	58	5.8	5.2	8.7	13	90	9.0	8.1	14	20
10	18	11	1.1	1.0	1.7	2.5	18	1.8	1.7	2.7	4.1	27	2.7	2.4	4.1	6.1	43	4.3	3.9	6.5	9.7	70	7.0	6.3	11	16	110	11	10	17	25
18	30	13	1.3	1.2	2.0	2.9	21	2.1	1.9	3.2	4.7	33	3.3	3.0	5.0	7.4	52	5.2	4.7	7.8	12	84	8.4	7.6	13	19	130	13	12	20	29
30	50	16	1.6	1.4	2.4	3.6	25	2.5	2.3	3.8	5.6	39	3.9	3.5	5.9	8.8	62	6.2	5.6	9.3	14	100	10	9.0	15	23	160	16	14	24	36
50	80	19	1.9	1.7	2.9	4.3	30	3.0	2.7	4.5	5.8	46	4.6	4.1	6.9	10	74	7.4	6.7	11	17	120	12	11	18	27	190	19	17	29	43
80	120	22	2.2	2.0	3.3	5.0	35	3.5	3.2	5.3	7.9	54	5.4	4.9	8.1	12	87	8.7	7.8	13	20	140	14	13	21	32	220	22	20	33	50
120	180	25	2.5	2.3	3.8	5.6	40	4.0	3.6	6.0	9.0	63	6.3	5.7	9.5	14	100	10	9.0	15	23	160	16	15	24	36	250	25	23	38	56
180	250	29	2.9	2.6	4.4	6.5	46	4.6	4.1	6.9	10	72	7.2	6.5	11	16	115	12	10	17	26	185	19	17	28	42	290	29	26	44	65
250	315	32	3.2	2.9	4.8	7.2	52	5.2	4.7	7.8	12	81	8.1	7.3	12	18	130	13	12	19	29	210	21	19	32	47	320	32	29	48	72
315	400	36	3.6	3.2	5.4	8.1	57	5.7	5.1	8.4	13	89	8.9	8.0	13	20	140	14	13	21	32	230	23	21	35	52	360	36	32	54	81
400	500	40	4.0	3.6	6.0	9.0	63	6.3	5.7	9.5	14	97	9.7	8.7	15	22	155	16	14	23	35	250	25	23	38	56	400	40	36	60	90

续表

公差等级		12				13				14				15				16				17				18			
公差尺寸 /mm		T	A	μ_1		T	A	μ_1		T	A	μ_1		T	A	μ_1		T	A	μ_1		T	A	μ_1		T	A	μ_1	
大于	至			Ⅰ	Ⅱ			Ⅰ	Ⅱ			Ⅰ	Ⅱ			Ⅰ	Ⅱ			Ⅰ	Ⅱ			Ⅰ	Ⅱ			Ⅰ	Ⅱ
—	3	100	10	9	15	140	14	13	21	250	25	23	38	400	40	36	60	600	60	54	90	1 000	100	90	150	1 400	140	135	210
3	6	120	12	11	18	180	18	16	27	300	30	27	45	480	48	43	72	750	75	68	110	1 200	120	110	180	1 800	180	160	270
6	10	150	15	14	23	220	22	20	33	360	36	32	54	580	58	52	87	900	90	81	140	1 500	150	140	230	2 200	220	200	330
10	18	180	18	16	27	270	27	24	41	430	43	39	65	700	70	63	110	1 100	110	100	170	1 800	180	160	270	2 700	270	240	400
18	30	210	21	19	32	330	33	30	50	520	52	47	78	840	84	76	130	1 300	130	120	200	2 100	210	190	320	3 300	330	300	490
30	50	250	25	23	38	390	39	35	59	620	62	56	93	1 000	100	90	150	1 600	160	140	240	2 500	250	220	380	3 900	390	350	580
50	80	300	30	27	45	460	46	41	69	740	74	67	110	1 200	120	110	180	1 900	190	170	290	3 000	300	270	450	4 600	460	410	690
80	120	350	35	32	53	540	54	49	81	870	87	78	130	1 400	140	130	210	2 200	220	200	330	3 500	350	320	530	5 400	540	480	810
120	180	400	40	36	60	630	63	57	95	1 000	100	90	150	1 600	160	150	240	2 500	250	230	380	4 000	400	360	600	6 300	630	570	940
180	250	460	46	41	69	720	72	65	110	1 150	115	100	170	1 850	180	170	280	2 900	290	260	440	4 600	460	410	690	7 200	720	650	1 080
250	315	520	52	47	78	810	81	73	120	1 300	130	120	190	2 100	210	190	320	3 200	320	290	480	5 200	520	470	780	8 100	810	730	1 210
315	400	570	57	51	86	890	89	80	130	1 400	140	130	210	2 300	230	210	350	3 600	360	320	540	5 700	570	510	860	8 900	890	800	1 330
400	500	630	63	57	95	970	97	87	150	1 500	150	140	230	2 500	250	230	380	4 000	400	360	600	6 300	630	570	950	9 700	970	870	1 450

孔尺寸的验收极限：

上验收极限 = 最小实体尺寸 D_L - 安全裕度 A

下验收极限 = 最大实体尺寸 D_M + 安全裕度 A

轴尺寸的验收极限：

上验收极限 = 最大实体尺寸 d_M - 安全裕度 A

下验收极限 = 最小实体尺寸 d_L + 安全裕度 A

2)不内缩方式

安全裕度 A 等于零,即验收极限等于工件的最大实体尺寸或最小实体尺寸。对于非配合尺寸和一般公差尺寸,可按不内缩方式确定验收极限。

1.3.4　测量器具的选择

检验公差等级为 IT6 ~ IT18 级、基本尺寸至 500 mm 的光滑工件,应按 GB/T 3177—2009《产品几何技术规范(GPS)　光滑工件尺寸的检验》中的规定选择测量器具。测量器具的不确定度不大于表 1.2 的允许值 μ_1,一般情况下优先选用 I 档。

部分常用测量器具的不确定度见表 1.3、表 1.4。

[**例**]　被测工件为 ϕ35e9 的轴,试确定验收极限,并选择合适的测量器具。

解:

①确定安全裕度 A 和测量器具不确定度允许值 u_1。

按工件基本尺寸 35 mm 在尺寸(30 ~ 50 mm)之间,则可得

工件的极限偏差 e9：　　es = -0.050　ei = -0.112

该工件的公差为 0.062 mm,从表 1.2 查得:A = 0.006 2,μ_1 = 0.005 6。

②选择测量器具。

按工件基本尺寸 35 mm 在尺寸 0 ~ 50 mm 之间,从表 1.3 查知,分度值为 0.01 mm 的外径千分尺的不确定度允许值 μ_1 为 0.004 mm,小于允许值 0.005 6 mm,可满足使用要求。

③计算验收极限。

上验收极限 = $d_{max} - A$ = (35 - 0.050 - 0.006 2) mm = 34.943 8 mm

下验收极限 = $d_{min} + A$ = (35 - 0.112 + 0.006 2) mm = 34.894 2 mm

表 1.3　千分尺和游标卡尺的不确定度

<table>
<tr><th rowspan="3">尺寸范围</th><th colspan="4">测 量 器 具 类 型</th></tr>
<tr><th>分度值 0.01 mm
外径千分尺</th><th>分度值 0.01 mm
内径百分尺</th><th>分度值 0.02 mm
游标卡尺</th><th>分度值 0.05 mm
游标卡尺</th></tr>
<tr><th colspan="4">不　确　定　度</th></tr>
<tr><td>0 ~ 50</td><td>0.004</td><td rowspan="3">0.008</td><td rowspan="6">0.020</td><td rowspan="4">0.020</td></tr>
<tr><td>50 ~ 100</td><td>0.005</td></tr>
<tr><td>100 ~ 150</td><td>0.006</td></tr>
<tr><td>150 ~ 200</td><td>0.007</td><td rowspan="3">0.013</td></tr>
<tr><td>200 ~ 250</td><td>0.008</td><td rowspan="8">0.100</td></tr>
<tr><td>250 ~ 300</td><td>0.009</td></tr>
<tr><td>300 ~ 350</td><td>0.010</td><td rowspan="3">0.020</td><td rowspan="7">/</td></tr>
<tr><td>350 ~ 400</td><td>0.011</td></tr>
<tr><td>400 ~ 450</td><td>0.012</td></tr>
<tr><td>450 ~ 500</td><td>0.013</td><td>0.025</td></tr>
<tr><td>500 ~ 600</td><td>/</td><td rowspan="3">0.030</td></tr>
<tr><td>600 ~ 700</td><td>/</td></tr>
<tr><td>700 ~ 800</td><td>/</td><td>0.150</td></tr>
</table>

表 1.4　比较仪和指示表的不确定度

单位:mm

<table>
<tr><th colspan="3">测量器具</th><th colspan="9">尺　寸　范　围</th></tr>
<tr><th rowspan="2">名称</th><th rowspan="2">分度值</th><th rowspan="2">放大倍数
或
量程范围</th><th>≤25</th><th>>25
~40</th><th>>40
~65</th><th>>65
~90</th><th>>90
~115</th><th>>115
~165</th><th>>165
~215</th><th>>215
~265</th><th>>265
~315</th></tr>
<tr><th colspan="9">不　确　定　度</th></tr>
<tr><td rowspan="4">比较仪</td><td>0.005</td><td>2 000 倍</td><td>0.000 6</td><td>0.000 7</td><td colspan="2">0.000 8</td><td>0.000 9</td><td>0.001 0</td><td>0.001 2</td><td>0.001 4</td><td>0.001 6</td></tr>
<tr><td>0.001</td><td>100 倍</td><td colspan="2">0.001 0</td><td colspan="2">0.001 1</td><td>0.001 2</td><td>0.001 3</td><td>0.001 4</td><td>0.001 6</td><td>0.001 7</td></tr>
<tr><td>0.002</td><td>400 倍</td><td>0.001 7</td><td colspan="3">0.001 8</td><td colspan="2">0.001 9</td><td>0.002 0</td><td>0.002 1</td><td>0.002 2</td></tr>
<tr><td>0.005</td><td>250 倍</td><td colspan="5">0.003 0</td><td colspan="4">0.003 5</td></tr>
<tr><td rowspan="9">千分表</td><td rowspan="2">0.001</td><td>0 级全程内</td><td colspan="5" rowspan="3">0.005</td><td colspan="4" rowspan="3">0.006</td></tr>
<tr><td>1 级 0.2 mm 内</td></tr>
<tr><td>0.002</td><td>1 转内</td></tr>
<tr><td>0.001</td><td rowspan="3">1 级全程内</td><td colspan="5" rowspan="3">0.010</td><td colspan="4" rowspan="3">/</td></tr>
<tr><td>0.002</td></tr>
<tr><td>0.005</td></tr>
<tr><td rowspan="3">0.01</td><td>0 级全程内</td><td colspan="5" rowspan="2">0.018</td><td colspan="4" rowspan="2">/</td></tr>
<tr><td>1 级 1 mm 内</td></tr>
<tr><td>1 级全程内</td><td colspan="5">0.030</td><td colspan="4">/</td></tr>
</table>

1.3.5　扭簧比较仪原理及介绍

扭簧比较仪是应用最为广泛的一种精密机械式量仪，由于使用量大面广，已和千分表、百分表及游标卡尺一起被计量和量修部门列为常用长度计量器具的四大件。这种量仪具有机械式量仪结构、成本低廉、操作方便，且适用于生产的特点。该量仪传动链中无间隙、无磨损、无空行程，因此几乎没有回程误差和测力落差，并具有很高的精度和灵敏度。不但被广泛用于车间条件下的精密测量，而且常被计量部门用来测量各种标准件及检定基准量块。

扭簧比较仪是用扭簧作为尺寸的转换和放大的转动机构，将测量杆的直线位移转变为指针在弧形分度盘上角位移的计量器具。图1.3(a)为扭簧比较仪的外形图，图1.3(b)为其结构原理示意图。仪器的主要元件灵敏弹簧片的剖面是长方形的磷青铜簧片（例如，横截面为0.01 mm×0.25 mm），簧片由中间向左右两端扭曲而成为扭簧片，它的一端被固定在可调整的弓形架上，另一端则固定在弹性杠杆3的一个支臂上，弹性杠杆3的另一端与量测杆4的上部相连，指针1安装在灵敏扭簧片2的中部。当量测杆4有微小的位移上升或下降时，则带动弹性杠杆3摆动，弹性杠杆3的摆动将使灵敏扭簧片2伸长或缩短，使灵敏扭簧片2在中央处发生扭转，从而使连在灵敏扭簧片2中间的指针1偏转一个角度，其大小与灵敏扭簧片2的伸长或缩短的大小成比例，也就是说，与量测杆的微小位移成比例。

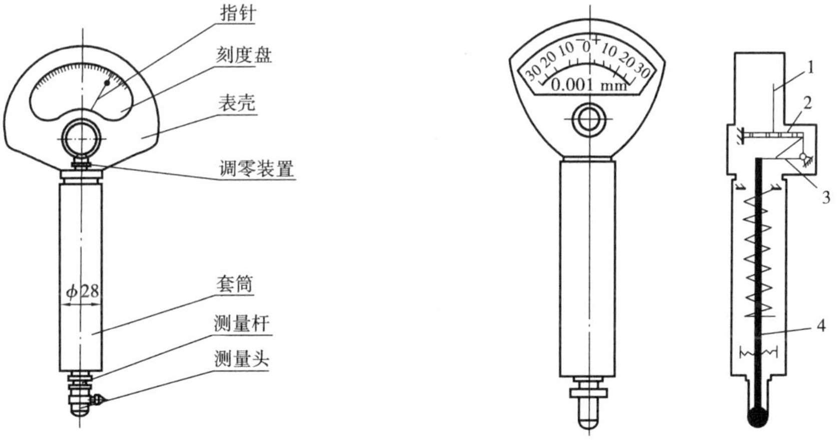

（a）外形图　　（b）结构原理示意图图

图1.3　扭簧比较仪

1—指针；2—灵敏扭簧片；3—弹性杠杆；4—量测杆

扭簧比较仪测量轴径是采用比较测量的方法进行的，可用具有确定尺寸 L 的量块调零后，测量轴的直径，比较仪的示值就是量块 L 与轴径 X 的量值之差 ΔL。因此，实际被测轴径 $X = L + \Delta L$。

1.3.6　内径百分表原理及介绍

内径百分表是用来测量孔径及其形状精度的一种精密比较量具。测量时的基本尺寸是由百分表、环规和量块及量块附件的组合体等其他量具提供，它采用相对测量法测量内径，特别适宜于测量深孔。根据被测孔径的大小不同，应选用不同长度的固定量柱。仪器的测量范围取决于固定量柱的范围。

内径百分表由百分表和装有杠杆系统的测量装置组成，其结构如图 1.4 所示。在三通管 3 的一端装着活动测量头 1，另一端装着可换测量头 2，垂直管口一端，通过连杆 4 装有百分表 5。活动测量头 1 的移动，使传动杠杆 7 回转，通过活动杆 6，推动百分表的测量杆，使百分表指针产生回转。由于杠杆 7 的两侧触点是等距离的，当活动测头移动 1 mm 时，活动杆也移动 1 mm，推动百分表指针回转一圈。因此，活动测头的移动量，可以在百分表上读出来。

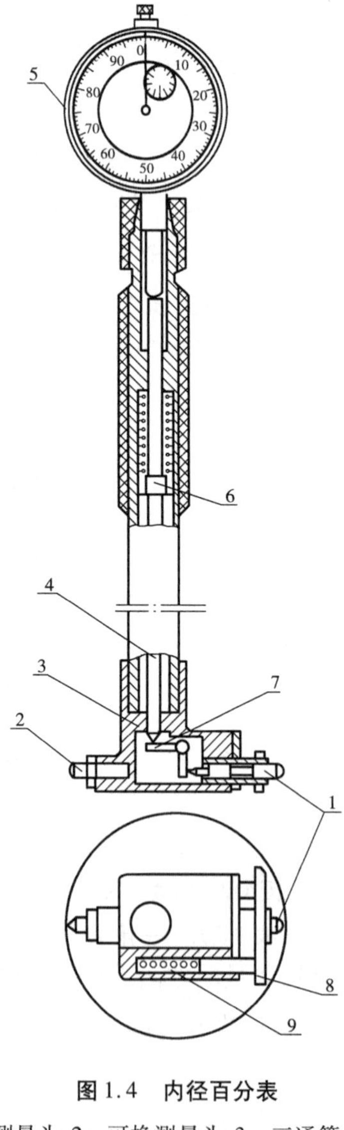

图 1.4　内径百分表

1—活动测量头；2—可换测量头；3—三通管；4—连杆；
5—百分表；6—活动杆；7—杠杆；8—定心护桥；9—弹簧

两触点量具在测量内径时,不容易找正孔直径方向,定心护桥 8 和弹簧 9 就起了一个帮助找正直径位置的作用,使内径百分表的两个测量头正好在内孔直径的两端。活动测头的测量压力由活动杆 6 上的弹簧控制,保证测量压力一致。

内径百分表测量孔径是采用比较测量的方法进行的。可用具有确定内尺寸 L 的标准圆环或用装在量块夹中的量块组成的确定尺寸来调整内径百分表的示值零位,然后用它测量被测孔径,指示表的示值即为实际被测孔径对确定尺寸 L 的偏差 ΔL。因此,实际被测孔径 $X = L + \Delta L$。

1.4　实验步骤

1.4.1　用扭簧比较仪测量轴径

1)检查比较仪

不得有影响使用性能的外观缺陷,测量杆移动应平稳、灵活,无卡滞现象。

2)组合量块

按被测轴的基本尺寸组合量块。

3)调整仪器零位

如图 1.5 所示,将量块组 1 置于工作台 10 的中央,并使测头 9 对准量块上的测量面中央。松开臂架紧固螺钉 6,转动升降螺母 5,使臂架 7 缓慢下降,直到测头与量块上的测量面轻微接触(即指针开始出现在刻度盘上),将紧固螺钉 6 拧紧。细调节:转动微调螺母 11,直至指针与刻度尺零线接近为止。微调节:转动微调旋钮 12,使刻度尺上零位与指针重合。

4)测量轴径

提升测头 9,取出量块,将被测零件放在工作台上,然后将被测零件来回移动(要保持与台面接触),记下指针的最大读数(即指针的转折点位置)。该数值为外径实际尺寸与其量块组合尺寸的偏差。如图 1.6 所示,在 ABC 的 3 个横截面上及每个截面相互垂直的两个方向上,共测 6 个点,并记入实验报告中。

5)零件合格性的评定

按照 1.3.2 小节方法评定零件的合格性。

所测 6 处直径的实际偏差中 $E_{a\max}$ 和 $E_{a\min}$ 都应在上下验收极限所限定的区域内,该轴直径才是合格的,即

$$ES - A \geqslant E_{a\max} \text{ 和 } E_{a\min} \geqslant EI + A$$

式中　A——安全裕度；

$E_{a\max}$——轴径的最大实际偏差；

$E_{a\min}$——轴径的最小实际偏差。

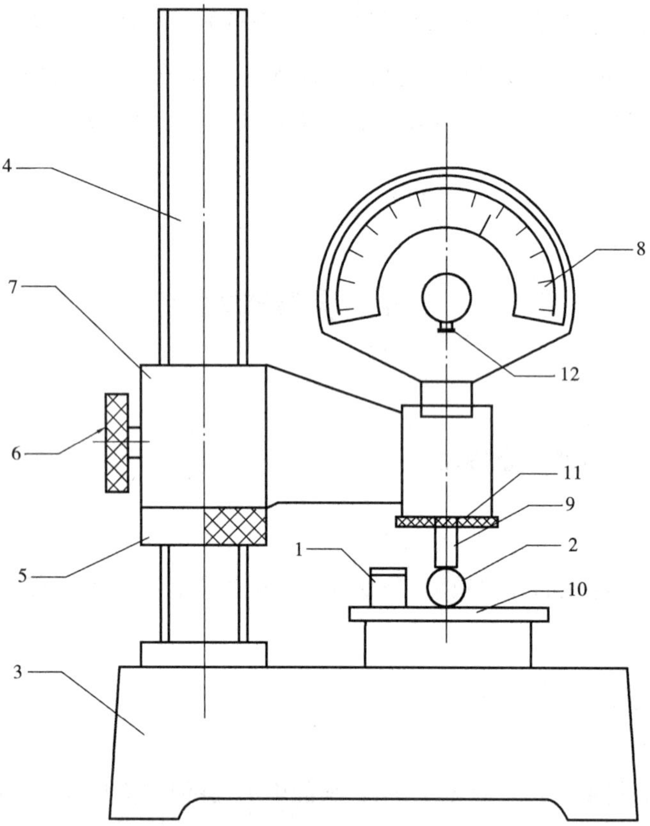

图 1.5　比较仪检验台结构图

1—量块组;2—被测工件;3—底座;4—立柱;5—升降螺母;6—紧固螺钉;
7—臂架;8—扭簧比较仪;9—测头;10—工作台;11—微调螺母;12—微调旋钮

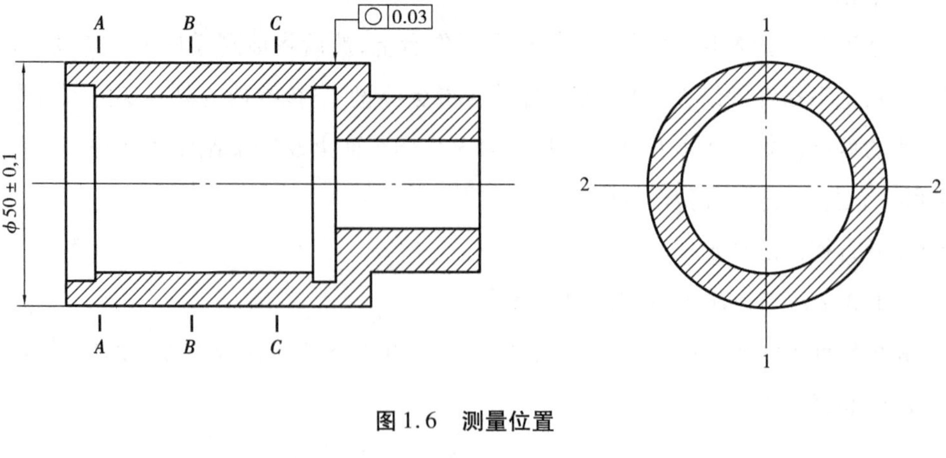

图 1.6　测量位置

1.4.2　用内径百分表测量孔径

1)用千分尺定尺寸

内径百分表是一件用于比较测量的量具,因此它测量时的基本尺寸是由其他量具提供的,按测量时的精度要求,为其提供尺寸的量具:外径千分尺、环规和量块及量块附件的组合体。在机械加工车间里,最好找的是外径千分尺,所以通常用千分尺定基本尺寸。使用外径千分尺可以通过其本身的计量功能来确定尺寸,也可以与量块组合,通过测量量块后锁紧来确定尺寸。

2)选择固定测杆

将固定测杆安装在表体上,这时测量端的长度应比外径千分尺上的基本尺寸长0.5 ~ 1 mm,可将内径百分表的测量端放到外径千分尺两测量面间比较一下,然后用螺母锁紧将固定测杆固定(还有一种固定测杆是利用台阶面来定位的就不带螺母)。

3)装上百分表并使百分表压缩1 mm

将检查合格的百分表装进弹簧夹头内,用紧固螺钉压紧弹簧夹头,夹紧力不能过大,以免将百分表测杆夹死。压缩百分表1 mm的目的:其一,使百分表有一定的起始力;其二,起到提示作用,此时的百分表与推杆已经接触。

4)调节零位

使用外径千分尺与内径百分表对零位,手握手柄将内径百分表测量端放入外径千分尺两测量面间,左右摆动直管,找到最小值,找到最小值后停止摆动,另一只手去转动表圈,使表盘上的零刻线与指针重合,重合后记住毫米指针所处的位置。这时指针与毫米指针所处的位置就是外径千分尺的尺寸反映到百分表上的具体位置,如图1.7所示。

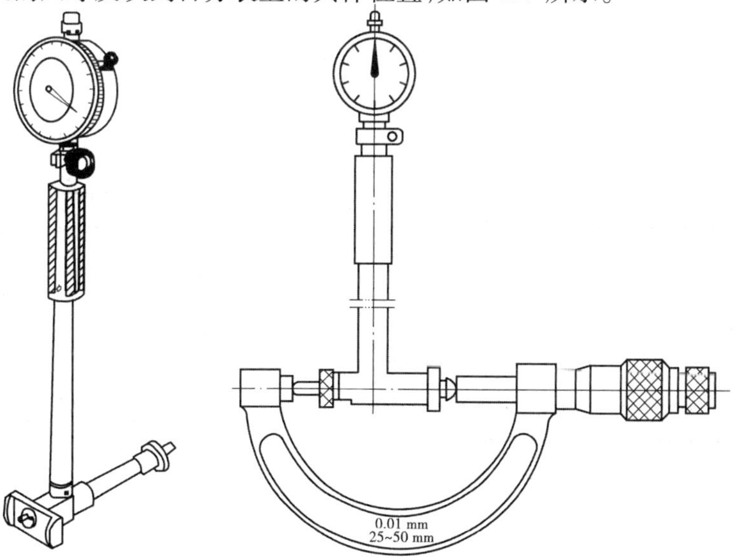

图1.7　用外径千分尺调整尺寸

5)测量孔径

将内径百分表放入被测孔中,微微摆动指示表(图1.8),并按指示表的最小示值(表针转折点)读数。该数值为内径局部实际尺寸与其基本尺寸的偏差。如图1.9所示,在孔轴向的3个截面及每个截面相互垂直的2个方向上,共测6个点,将数据记入实验报告中。

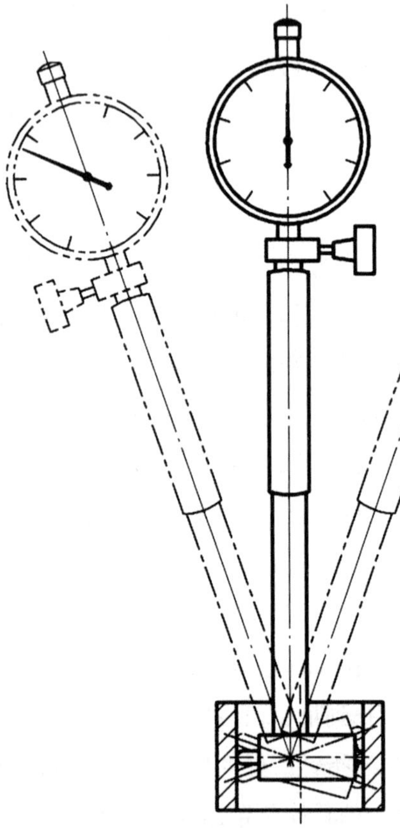

图1.8 测量孔径

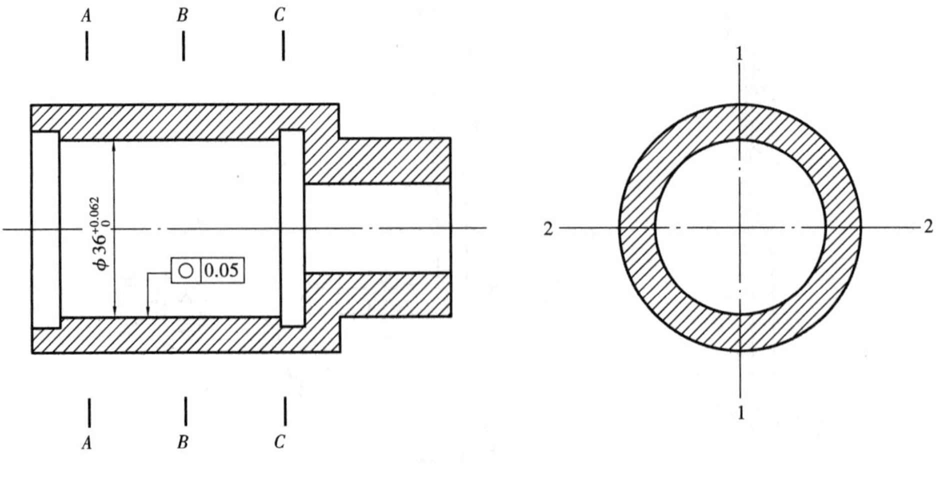

图1.9 测量位置

6）零件合格性的评定

考虑测量误差的存在，为保证不误收废品，应先根据被测孔径的公差大小，查表得到相应的安全裕度 A，然后确定其验收极限，若被测孔径6个实际偏差中 $E_{a\max}$ 和 $E_{a\min}$，圆度误差为 f，若满足以下两式要求，则为合格，即

$$ES - A \geqslant E_{a\max} \text{ 和 } E_{a\min} \geqslant EI + A$$

式中　A——安全裕度；

$E_{a\max}$——孔径的最大实际偏差；

$E_{a\min}$——孔径的最小实际偏差。

$$f \leqslant t$$

这里，圆度误差 f 是由测得孔径实际偏差求出的，t 是零件图中所标定的圆度偏差。由于在被测孔的1个截面上只测了相互垂直的2个直径的实际偏差 $E_{AA'}$ 和 $E_{BB'}$，故圆度误差为

$$f = \frac{1}{2}\left| E_{AA'} - E_{BB'} \right|$$

图1.9测量了内孔的3个截面，此孔的圆度误差应取3个截面中圆度误差值最大的作为测量结果。

实验 2 形位公差测量

2.1 实验目的

①掌握轴类零件表面圆跳动和全跳动的测量方法。

②掌握指示表测量端面圆跳动误差原理和方法。

③掌握直线度误差的数据处理方法。

④掌握平面度误差的数据处理方法。

2.2 实验对象和设备

(1)实验对象

水泵轴、齿轮轴部件分别如图 2.1 和图 2.2 所示。

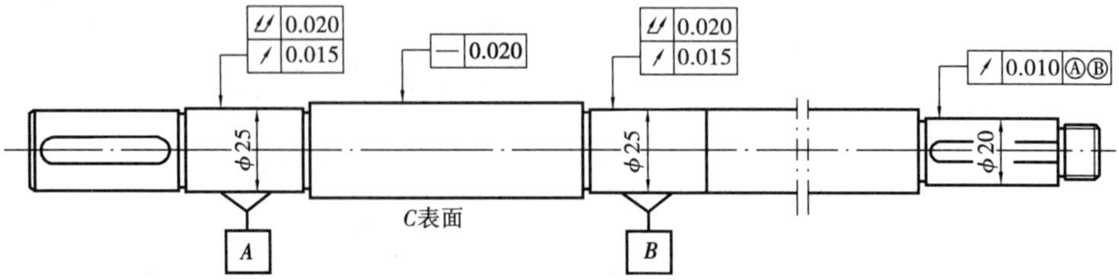

图 2.1 水泵轴

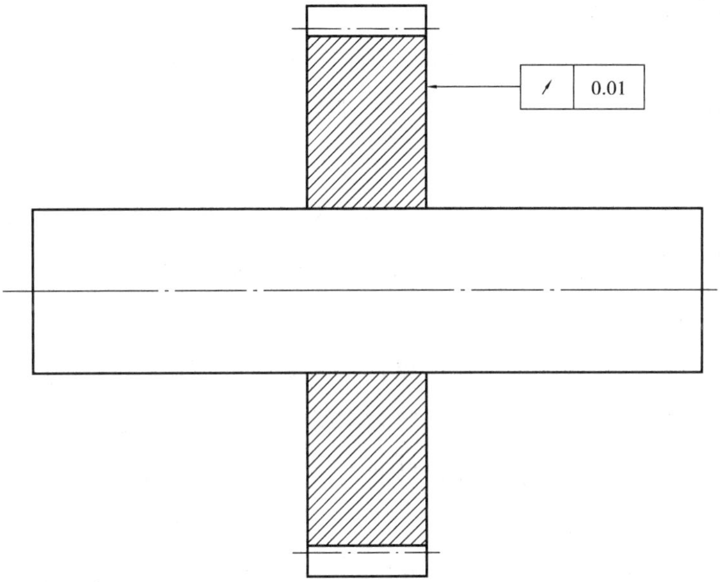

图2.2　齿轮轴部件

(2)**实验设备**

杠杆百分表、磁力表座、V形块、跳动检测仪、平板。

2.3　测量原理及仪器说明

跳动公差的基准是轴线,测量跳动误差时往往用芯轴、顶针、V形块来体现基准轴线,并用指示表来测量各项跳动误差,基准外圆表面径向跳动误差测量原理如图2.3所示。

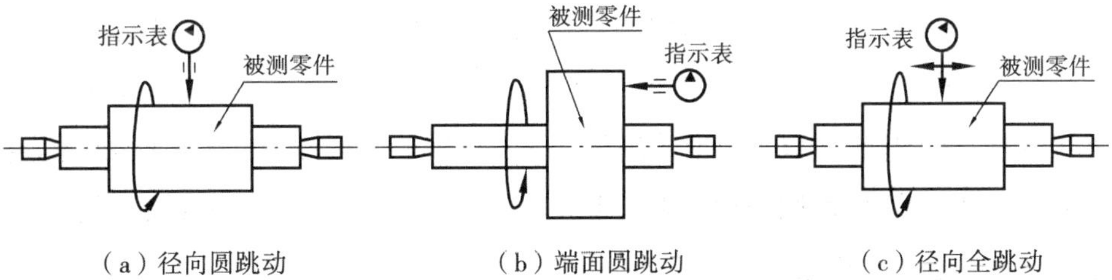

图2.3　基准外圆表面径向跳动误差测量原理

(1)**径向圆跳动误差测量**

将轴类零件装在两顶尖之间,将千分表(或百分表)分别垂直放在被测外圆表面,旋转工件一周,千分表(或百分表)上的最大与最小读数差值即为被测外圆表面轴线相对于其公共基准轴线的径向圆跳动值。如果表面较长,可多检查几个横截面,其中最大的径向圆跳动数值不能大于许可值,否则不合格。

(2)**端面圆跳动误差测量**

按径向圆跳动误差测量方法,将千分表(或百分表)分别垂直放在被测端面,旋转工件一周,千分表(或百分表)上的最大与最小读数差值即为测量平面的端面圆跳动值。

(3)**径向全跳动误差测量**

按径向圆跳动误差测量方法,在被测工件连续转动过程中,同时让指示表沿基准轴线方向作直线移动。在整个测量过程中,指示表最大与最小读数差值即为该零件的全跳动。

(4)**直线度误差测量**

直线度误差是指实际被测直线对其理想直线的变动量,理想直线的位置应符合最小条件。最小条件是指实际被测直线对其理想直线(评定基准)的最大变动量为最小。直线度是形状误差,不是位置公差,可以用水平仪或自准直仪对实际被测直线均匀布点测量(即节距法),测量两相邻测点之间的高度差来获得。但在工厂实际操作中,测量数据也可以用指示表测量实际被测直线上各测点相对于测量基准平板的高度来获得,然后按照最小条件或以首尾两个测点的连线(即两端点连线)作为评定基准,由获得的测量数据用作图或计算的方法求解直线度误差值。

用指示表测量零件表面直线度,是一种与理想直线比较,测量给定平面内直线度误差的方法。在被测素线(素线是母线处于曲面上的任一位置上的线条)的全长范围内测量,同时记录读数,根据记录的数据,用计算法按最小条件计算出该条素线的直线度误差。按上述方法测量若干条素线,取其中最大的误差值作为该被测零件的直线度误差。

(5)**平面度误差测量**

平面度误差是指被测平面相对其理想平面的变动量。平面度公差是用以限制平面的形状误差,其公差带是距离为公差值的两平行平面之间的区域,同时理想平面的位置应符合最小条件。常见的平面度测量方法分为两种:直接测量法和间接测量法。直接测量法:可以使用指示表测量、光学平晶测量以及刀口尺法、光轴法和液面法等其他测量;间接测量法:可以使用水平仪测量、自准仪测量以及反射镜测量。通过不同的方法测得的平面度测值应进行数据处理,然后按一定的评定准则处理结果。平面度误差的评定方法有 3 种:最小包容区域法、对角线平面法和三远点平面法。

1)最小包容区域法

由两平行平面包容实际被测要素时,实现至少 4 点或 3 点接触,且具有下列 3 条准则之一者,即为最小包容区域,其平面度误差值最小。

①三角形准则。

两平行平面包容被测表面时,被测表面上有 3 个最低点(或 3 个最高点)及 1 个最高点(或 1 个最低点)分别与两包容平面接触,并且最高点(或最低点)能投影到 3 个最低点(或 3

个最高点)之间,则这两个平行平面符合最小包容区原则,如图2.4(a)所示。

②交叉准则。

被测表面上有2个最高点和2个最低点分别与两平行的包容面相接触,并且2个最高点投影于2个低点连线的两侧,则两平行平面符合于平面度最小包容区原则,如图2.4(b)所示。

③直线准则。

被测表面的同一截面内有2个最高点及1个低点(或相反)分别和两平行的包容面相接触,则该两平行平面符合于平面度最小包容区原则,如图2.4(c)所示。

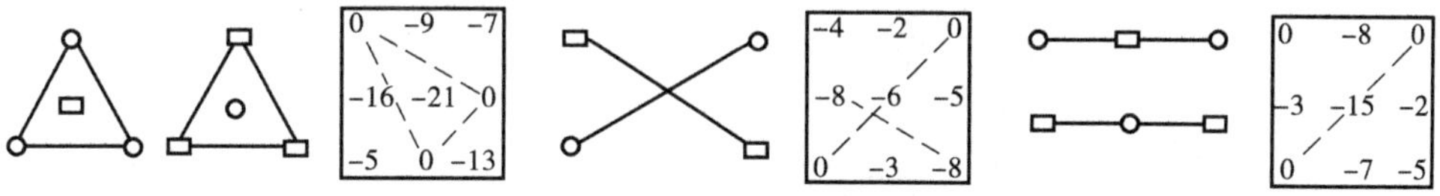

(a)三角形准则　(b)交叉准则　(c)直线准则

图2.4　最小包容区域法三条准则

2)对角线平面法

对角线平面法是通过被测表面的一条对角线作另一条对角线的平行平面,该平面即为基准平面,偏离此平面的最大值与最小值的绝对值之和为平面度误差。在实测时,可选择一条对角线上两个角点的测量值相等,另一条对角线上两个角点的测量值也相等,则测得的各点坐标值中最大值与最小值之差即为平面度误差值。

下面介绍对角线平面法求取平面度误差值的数据处理方法。如图2.5所示,对测点作旋转变换,可以按对角线上两个值相等列出下列方程,求旋转量 P 和 Q。

$$\begin{cases} a_1 = c_3 + 2P + 2Q \\ a_3 + 2P = c_1 + 2Q \end{cases} \tag{2.1}$$

将求出的 P 和 Q 按图2.5得到旋转变换后的测点位置,即按最大与最小读数值之差来确定被测表面的平面度误差值。

a_1	a_2	a_3
b_1	b_2	b_3
c_1	c_2	c_3

⇨

a_1	a_2+P	a_3+2P
b_1	b_2+P	b_3+2P
c_1	c_2+P	c_3+2P

⇨

a_1	a_2+P	a_3+2P
b_1+Q	b_2+P+Q	b_3+2P+Q
c_1+2Q	c_2+P+2Q	$c_3+2P+2Q$

图2.5　对角线平面法数据处理旋转变化图

3)三远点平面法

三远点平面法是以通过被测表面上相距最远且不在一条直线上的三点建立一个基准平面,各测点对此平面的偏差中最大值与最小值的绝对值之和为平面度误差。在实测时,可以在被测表面上找到3个等高点，并且调到零。在被测表面上按布点测量，与三角形基准平面相距最远的最高和最低点间的距离为平面度误差值。

（6）**齿轮跳动检查仪**

在本实验中，使用齿轮跳动检查仪顶针体现基准轴线来测量轴类零件的径向圆跳动误差、端面圆跳动误差、径向全跳动误差、直线度误差。齿轮跳动检查仪主要由百分表、悬臂、支柱、底座和顶尖座组成，仪器外观及测量示意如图2.6所示。

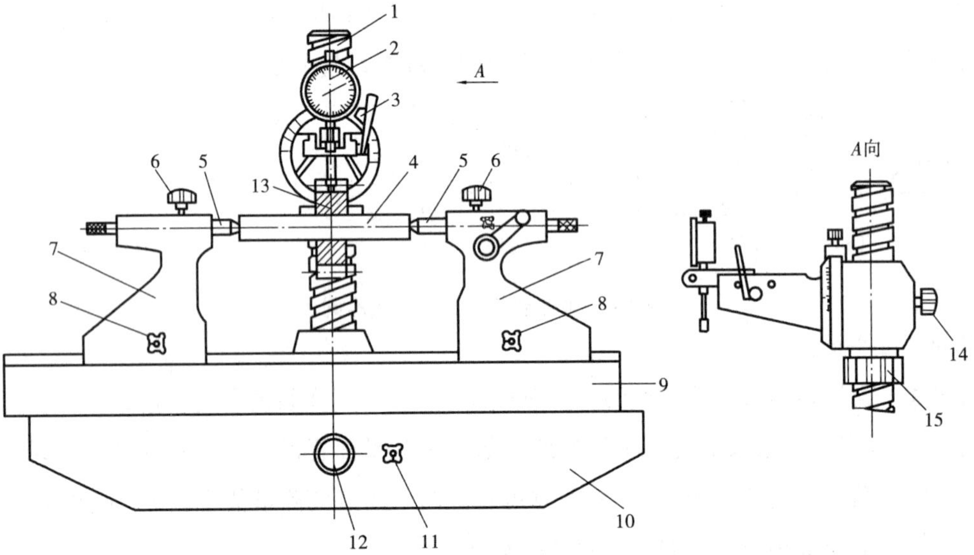

图2.6 齿轮跳动测量仪

1—立柱；2—指示表；3—指示表测量扳手；4—芯轴；5—顶尖；6—顶尖紧锁螺钉；7—顶尖架；8—顶尖架锁紧螺钉；9—滑台；10—底座；11—滑台锁紧螺钉；12—滑台移动手轮；13—被测齿轮；14—指示表表架锁紧螺钉；15—升降螺母

2.4 实验步骤

2.4.1 用齿轮跳动仪测量水泵轴径向圆跳动误差

（1）**基准外圆表面 *A* 和 *B* 的径向圆跳动测量**

①安装水泵轴。基准外圆表面径向圆跳动误差测量原理如图2.7所示，将水泵轴安装在跳动测量仪两个顶尖5之间（注意调整两个顶尖之间的距离，使芯轴无轴向窜动，且能自由转动）。松开滑台锁紧螺钉11，转动滑台移动手轮12，使滑台9移动，使测头大约位于 *A* 轴段中间位置，然后再将滑台锁紧螺钉11锁紧。

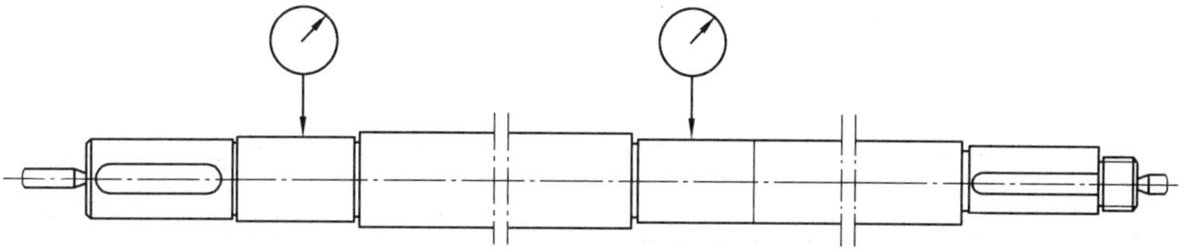

图2.7　基准外圆表面径向圆跳动误差测量原理

②调整量仪指示表示值零位。放下指示表测量扳手3,松开指示表表架锁紧螺钉14,转动升降螺母15,使指示表测头随表架下降到与A轴段外圆表面垂直接触,将指示表2的指针压缩(正转)1~2转,然后将指示表表架锁紧螺钉14旋紧,固定表架。转动指示表的表盘(分度盘),将表盘的零刻线对准指示表的长指针,确定指示表的示值零位。

③测量。缓慢而均匀地使水泵轴回转一周,百分表读数的最大差值即为单个测量截面上的径向圆跳动。

④按上述方法在A轴段若干个正截面上测量,分别记录测量值,取各截面上测的跳动量中的最大值作为该零件A轴段的径向圆跳动,将测量记录填入实验报告中。

⑤松开滑台锁紧螺钉11,转动滑台移动手轮12,使滑台9移动,调整跳动仪测头位置,重复①~④步骤,测量B轴段的径向圆跳动。

⑥通过最大的径向圆跳动数值是否大于许可值分别判断A、B轴段径向圆跳动的合格性。

(2)径向全跳动测量

①按基准外圆表面A和B的径向跳动测量方法在被测工件连续转动过程中,同时让指示表沿基准轴线方向作直线移动,使指示表测头在外圆的整个表面上划过,记下表上指针的最大读数与最小读数。

②在整个测量过程中,记下表上指针的最大读数与最小读数,两读数之差值即为该被测要素的径向全跳动误差f,将测量值记录填入实验报告。

③根据测量结果,判断合格性。若$f \leq t$,t为零件图中所标径向全跳动偏差,则零件合格。

2.4.2　用双V形块测量与水泵叶轮配合处外圆相对于基准外圆A、B的径向圆跳误差

①如图2.8所示,根据水泵轴A、B外圆直径选择合适的V形块,将水泵轴A、B外圆支撑在选好的V形块上,并在轴向定位,公共基准线由双V形块来模拟。

②使用磁力表座支撑指示表,调整指示表测头位置,使其与水泵叶轮配合处外圆表面垂直接触,并将指示表2的指针压缩(正转)1~2转。转动指示表的表盘(分度盘),将表盘的零刻线对准指示表的长指针,确定指示表的示值零位。

③测量。轻轻使水泵轴回转一周,百分表读数的最大差值即为单个测量截面上的径向圆跳动。

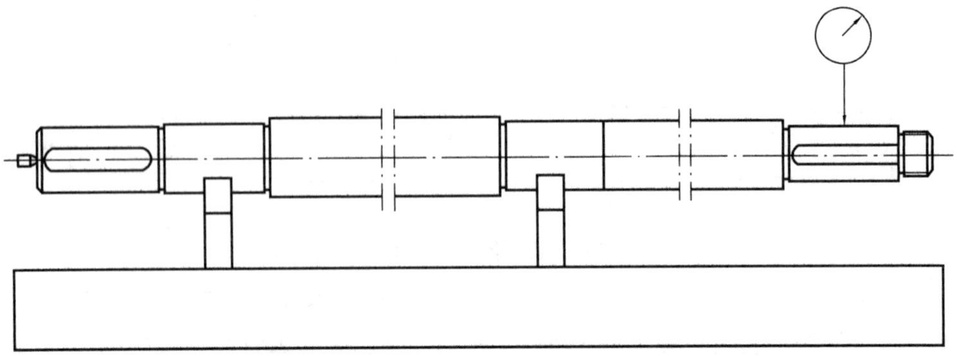

图 2.8　水泵叶轮配合处外圆相对于基准外圆 A、B 的径向圆跳误差测量

④按上述方法测量若干个截面,分别记录测量值,取各截面上测的跳动量中的最大值作为水泵叶轮配合处外圆的径向圆跳动,将测量值记录填入实验报告中。

⑤通过最大的径向圆跳动数值是否大于许可值分别判断径向圆跳动的合格性。

2.4.3　用跳动仪测量齿轮端面圆跳动误差

①安装齿轮轴部件。将齿轮轴部件安装在跳动测量仪两个顶尖 5 之间(注意调整两个顶尖之间的距离,使心轴无轴向窜动,且能自由转动)。松开滑台锁紧螺钉 11,转动滑台移动手轮 12,使滑台 9 移动,并使测头位于齿轮端面位置,然后再将滑台锁紧螺钉 11 锁紧。

②调整量仪指示表示值零位。放下指示表测量扳手 3,松开指示表表架锁紧螺钉 14,转动升降螺母 15,使指示表测头随表架下降到与齿轮端面垂直接触,将指示表 2 的指针压缩(正转)1 ~2 转,然后将指示表表架锁紧螺钉 14 旋紧,固定表架。转动指示表的表盘(分度盘),将表盘的零刻线对准指示表的长指针,确定指示表的示值零位。

③测量。缓慢而均匀地使齿轮轴回转一周,百分表读数的最大差值即为该直径处的端面圆跳动误差。

④按上述方法,在被测端面 4 个不同直径处测量(直径 A、B、C、D),将测量值记录填入实验报告中。

⑤取测量端面不同直径上测得跳动量中的最大值,作为该零件的端面圆跳动误差,根据图纸所给定的公差值 ,判断零件是否合格。

2.4.4　用跳动仪测量水泵轴直线度误差

①安装水泵轴。将水泵轴安装在跳动测量仪两个顶尖 5 之间(注意调整两个顶尖之间的距离,使心轴无轴向窜动)。锁紧顶尖紧锁螺钉 6,使水泵轴无法转动,松开滑台锁紧螺钉 11,转动滑台移动手轮 12,使滑台 9 移动,并使测头大约位于 C 轴段左侧位置。

②调整量仪指示表示值零位。放下指示表测量扳手 3,松开指示表表架锁紧螺钉 14,转动升降螺母 15,使指示表测头随表架下降到与 C 轴段外圆表面垂直接触,将指示表 2 的指针

压缩(正转)1~2 转,然后将指示表表架锁紧螺钉 14 旋紧,固定表架。转动指示表的表盘(分度盘),将表盘的零刻线对准指示表的长指针,确定指示表的示值零位。

③测量。缓慢而均匀地移动滑台,使指示表测头在外圆的整个表面上划过,间隔一定长度记下表上指针的读数(共记录5个测点位置)。

④松开顶尖紧锁螺钉6,按上述方法在 C 轴段间隔120°的三条素线上测量,分别记录测量值,并将测量值记录填入实验报告中,案例数据见表2.1。

表2.1　跳动仪测量水泵轴直线度误差采集数据

单位:μm

采集点	1	2	3	4	5
去　程	0	-5	-3	-1	2
回　程	0	-4	-2	0	2
均　值	0	-4.5	-2.5	-0.5	2

⑤用作图法进行数据处理,求出被测 C 轴段的直线度误差。直线度误差的评定方法有端点法和最小包容区域法,分别举例说明如下。

a. 端点法。

如图2.9所示,连接折线图的首末端点,再将该直线向上平移至折线的最高点,向下平移至折线的最低点,这两条直线将数据点包络在内,则两条平行直线沿纵轴方向的长度即为利用端点法得到的直线度误差。

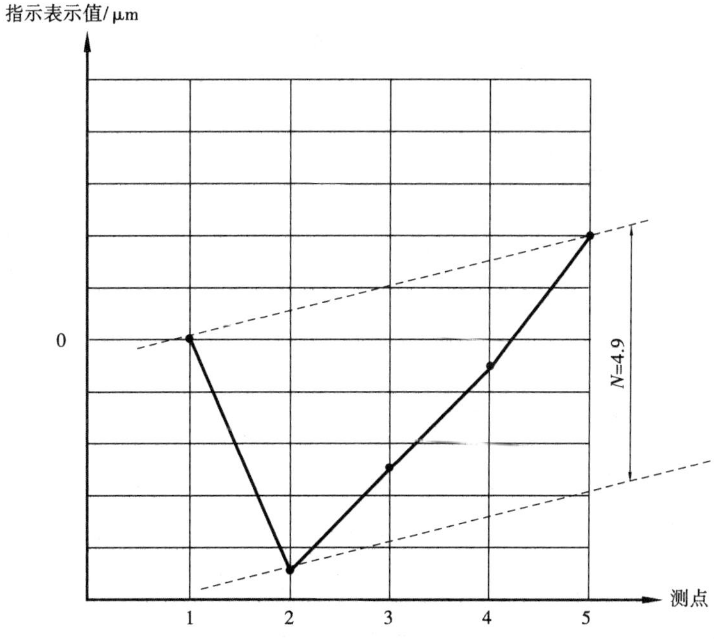

图2.9　端点法处理数据

b. 最小包容区域法。

利用 Excel、Origin、Matlab 等软件的拟合工具,根据最小二乘的原则将采集的原始数据点的最小二乘直线拟合出来,再将该直线向上平移至折线的最高点,向下平移至折线的最低点,使这两条直线将数据点包络在内,则两条平行直线沿纵轴方向的长度即为得到的直线度误差。使用 Excel 插入散点图,然后选中插入的散点图添加趋势线便得到最小二乘拟合线,最后将其上下平移便得到如图 2. 10 所示的图形。

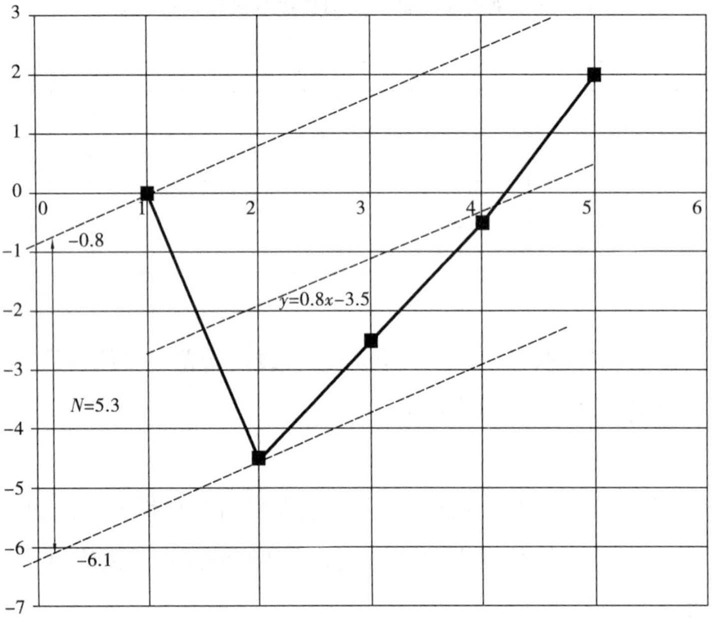

图 2. 10　最小包容区域法处理数据

以上分别利用端点法和最小包容区域法对同一条导轨的直线度误差进行计算,因为处理图像数据的方法有区别,所以得到的结果 N 是不相同的。

在理论计算的情况下,由于最小包容区域法计算得到的直线度误差较为精确,故而采用最小包容区域法进行直线度误差的评定。但在工程实际中,需要综合精确度和生产效益两个因素,考虑端点法计算结果的误差实际上是满足要求的,故而采用端点法进行直线度误差的评定。

2. 4. 5　用百分表测量平面度误差

①将被测零件用可调支承置于测量平板上,将百分表装夹在表架上,稳定可靠。装夹指示表时,夹紧力不能过大,以免套筒变形卡住测杆。

②百分表测头与被测表面接触,使小指针指到 1 左右,为了读数方便,可转动表盘,使大指针为零,移动百分表,调节可调支承,使被测表面的其中 3 个角相对于测量平板等高。

③如图2.11所示,在被测表面上均匀取9点,移动百分表,记下百分表在每点的读数,测量3次并作好记录。

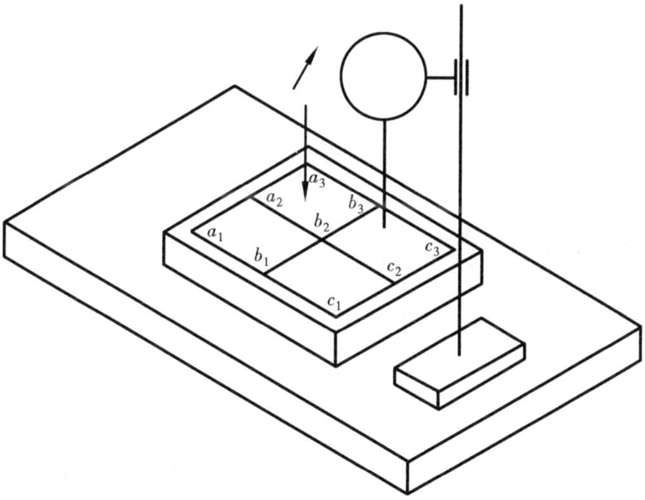

图2.11　百分表测量平面度误差测点选择示意图

④用对角线平面法进行数据处理,求出被测平面度误差。将表2.2中百分表测量的数据按公式(2.1)求解得 $P=0.5$, $Q=-2.5$。将各点的旋转量与表2.2中的对应点的值相加,即得经坐标变换后的各点坐标值,见表2.3。可见 a_1 和 c_3 等高(0),c_1 和 a_3 等高(−15),则平面度误差值为:$f'=[+7.5-(-15)]\ \mu m=22.5\ \mu m$。

表2.2　百分表测量平面度误差采集数据

单位:μm

	1	2	3
a	0	−6	−16
b	−7	+3	−7
c	−10	+12	+4

表2.3　经坐标变换后的各点坐标值

单位:μm

	1	2	3
a	0	−5.5	−15
b	−9.5	+1	−8.5
c	−15	+7.5	0

实验 3
零件表面粗糙度测量

3.1 实验目的

①了解常用表面粗糙度测量的方法。

②掌握用比较法判断表面粗糙度的方法。

③了解表面粗糙度测量仪测量表面粗糙度的原理,并熟悉其使用方法。

④加深对表面粗糙度 Ra、Rz 等参数的理解。

3.2 实验对象和设备

(1)实验对象

粗糙度试件如图 3.1 所示。

(2)实验设备

粗糙度样板,5 ~ 10 倍放大镜,睿奥/RAYON 高精密粗糙度仪 TR200。

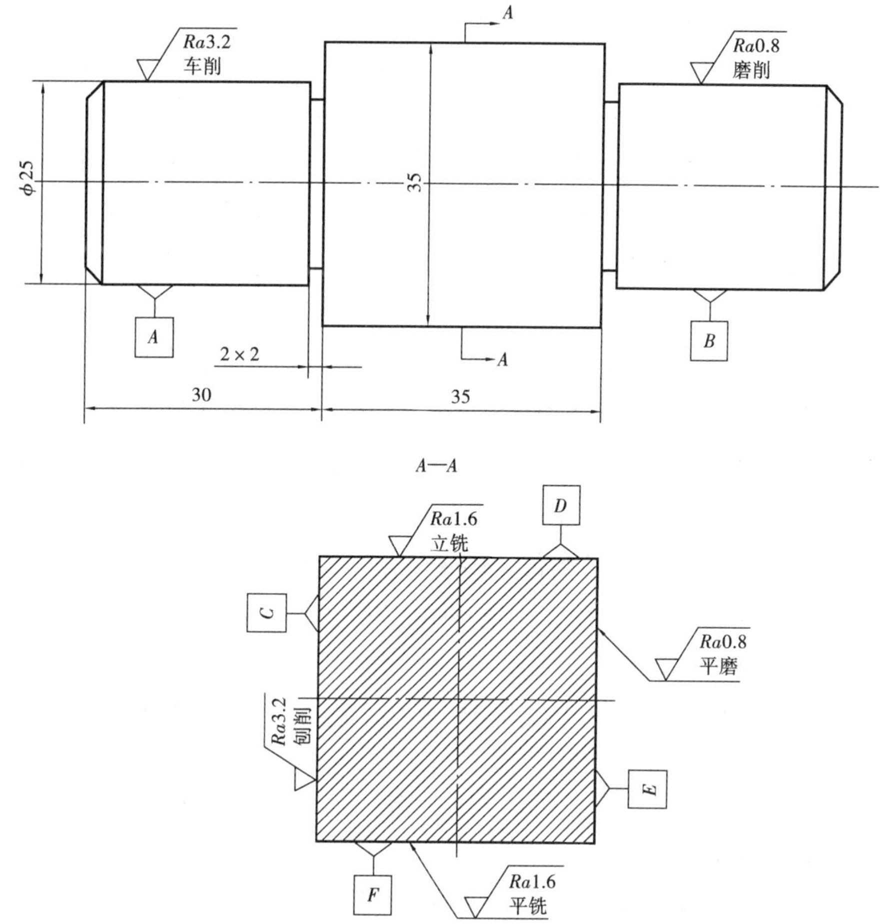

图 3.1　**粗糙度试件**

3.3　测量原理及仪器说明

3.3.1　表面粗糙度

机械零件表面精度所研究和描述的对象是零件的表面形貌特性。机械加工或是用其他方法获得的表面，存在着微观几何形状误差。表面粗糙度对机械零件的配合性质、耐磨性、工作精度、抗腐蚀性有着密切的关系，它影响机器或仪器的可靠性和使用寿命。零件表面的形貌可分为 3 种：形状误差、表面波度和表面粗糙度，其中波距大于 10 mm 的为零件形状误差，波距在 1 ~ 10 mm 的为表面波度，波距小于 1 mm 的为表面粗糙度。

加工表面上具有的较小间距和峰谷所组成的微观几何形状特性，称为零件表面粗糙度。这种微观几何形状的尺寸特征，一般是由零件的加工过程或其他因素形成的。其实质：在加工过程中,刀具与零件表面间的摩擦和切屑分离使表层金属塑性变形的结果。

为提高产品质量,促进互换性生产,我国制定了表面粗糙度国家标准,现行的表面粗糙度的标准主要有:GB/T 1031—2009《产品几何技术规范(GPS) 表面结构 轮廓法 表面粗糙度参数及其数值》、GB/T 3505—2000《产品几何技术规范(GPS) 表面结构 轮廓法 表面结构的数语、定义及参数》。这些标准规定了表面粗糙度术语、表面粗糙度参数及其数值和机械制图表面粗糙度符号、代号及其注法。国家标准规定表面粗糙度的参数由评定长度范围内的高度参数、间距参数和综合参数所组成。评定长度是指评定轮廓所必需的一段长度,它可包括一个或几个取样长度,其中取样长度 l 是用于判别具有表面粗糙度特征的一段基准长度。GB/T 1031—2009 中规定了 4 个表面粗糙度评定参数,其中高度参数 2 个:轮廓算术平均偏差 Ra(Ra 越大,表面越粗糙,推荐优先选用),轮廓最大高度 Rz(同旧标准 Ry,新国标取消微观不平度十点高度,常用于很粗糙或很光滑的表面);间距参数 1 个:轮廓单元的平均宽度参数 Rsm(在取样长度内轮廓单元的平均值,Rsm 越大,对需要涂镀的表面不利);形状参数 1 个:轮廓的支撑长度率 $Rmr(c)$($Rmr(c)$越大,支撑刚度和耐磨性越好)。

(1)轮廓算术平均偏差 Ra

在取样长度内被测实际轮廓上各点至轮廓中线距离绝对值的平均值为

$$Ra = \frac{1}{n}\sum_{i=1}^{n}|Z_i| \tag{3.1}$$

(2)轮廓最大高度 Rz

如图 3.2 所示,在取样长度内,轮廓的峰顶线和谷底线之间的距离,峰顶线和谷底线平行于中线且分别通过轮廓最高点和最低点。

$$Rz = |y_{p\max}| + |y_{v\max}| \tag{3.2}$$

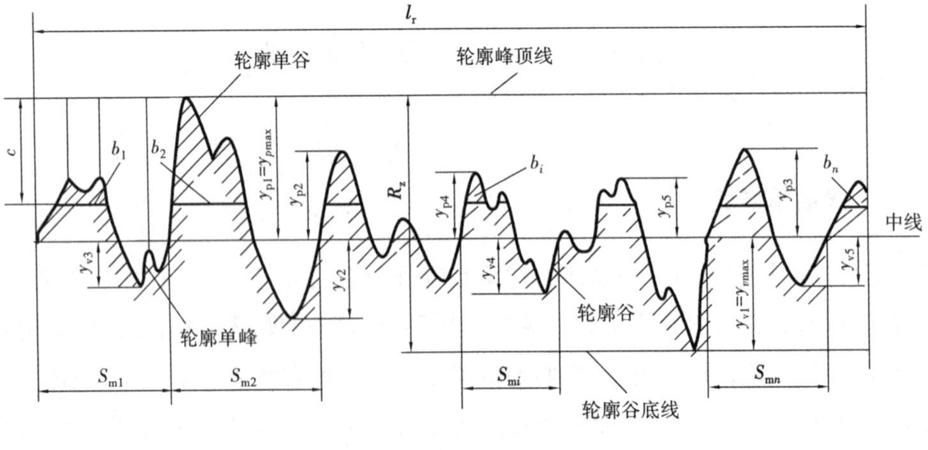

图 3.2 表面粗糙度的评定参数

(3)轮廓单元的平均宽度 Rsm

一个轮廓峰与相邻谷的组合称为轮廓单元,在一个取样长度内,中线与各个轮廓单元相交线段的宽度平均值为轮廓单元的宽度 *Rsm*。

$$Rsm = \frac{1}{n}\sum_{i=1}^{n} S_{mi} \tag{3.3}$$

轮廓微观不平度的间距 S_{mi} 为含有一个轮廓峰和相邻轮廓谷的一段中线长度。

(4)**轮廓的支撑长度率 *Rmr*(*c*)**

在给定的水平位置 *c* 上，平行于中线的线从峰顶线向下平移到某一位置时，与被测截面轮廓相截所得到的各段长度 b_i 之和与取样长度 l_r 之比率。

$$Rmr(c) = \frac{\sum_{i=1}^{n} b_i}{l_r} \times 100\% \tag{3.4}$$

Rmr(*c*)值是与给定的水平截距 *c* 相对应的。

一般尺寸公差、表面形状公差小时，表面粗糙度参数值也小，表面粗糙度 *Ra* 与尺寸公差 *T* 有一定的对应关系，设形状公差为 *t*，尺寸公差为 *T*，它们之间的关系可参照以下对应关系：

若 $t \approx 0.6T$，则 $Ra \leqslant 0.05T$；$Rz \leqslant 0.2T$　　普通精度

若 $t \approx 0.4T$，则 $Ra \leqslant 0.025T$；$Rz \leqslant 0.1T$　　较高精度

若 $t \approx 0.25T$，则 $Ra \leqslant 0.012T$；$Rz \leqslant 0.05T$　　中高精度

若 $t < 0.25T$，则 $Ra \leqslant 0.15T$；$Rz \leqslant 0.6T$　　高精度

3.3.2　表面粗糙度的测量方法

零件表面粗糙度的测量方法较多，有目视检查法、比较测量法、干涉法、激光反射法、激光全息法、针描法和印模法。

(1)**目视检查法**

操作者根据加工纹理和加工表面特征，通过视觉经验并结合手感(用指甲轻划或手摸)或其他方法进行比较，对被测表面的粗糙度进行评定的方法。目视检查的特征参见表3.1。

表3.1　目视检查的特征

Ra/μm	表面特征	*Ra*/μm	表面特征
50 ~ 12.5	可见粗糙刀痕	0.05	光泽表面
6.3 ~ 1.6	可见刀痕	0.025	亮光泽表面
1.8 ~ 0.2	可见加工痕迹方向	0.012	雾状镜面
0.1	仔细辨认可见加工痕迹方向	0.005	镜面

(2)**比较法**

比较法测量表面粗糙度是生产中常用的方法。这种方法是凭人的视觉和触觉对被测零

件表面与一组粗糙度样板比较块进行对照比较，凭检验者的经验来估计和判断被测表面的粗糙度参数相当于某一级比较样块，从而判断表面粗糙度的数值；还可以把油滴在被测表面和表面粗糙度标准样块上，用油的流动速度（此时要求样块与工件倾斜角度与温度相同）来判断表面粗糙度。流动速度快的表面粗糙度数值小。尽管这种方法不够严谨，但它具有测量方便、成本低、对环境要求不高等优点，所以被广泛应用于生产现场检验一般表面粗糙度。

图 3.3 所示为表面粗糙度比较样板，它是采用特定合金材料加工而成的，具有不同的表面粗糙度参数值。通过视觉法和触觉法将被测件表面与之作比较，以确定被测表面的粗糙度。

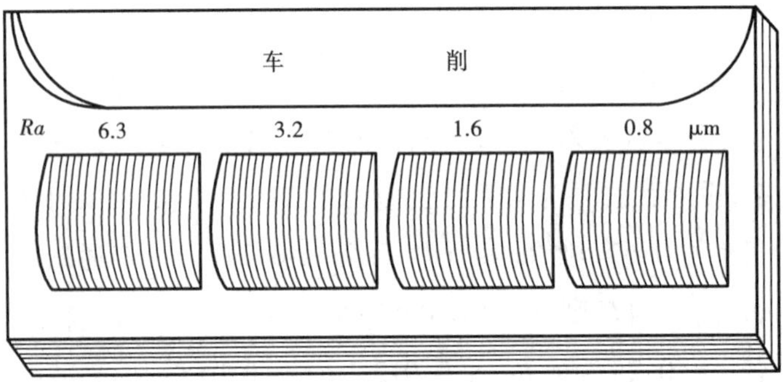

（a）车削加工样块

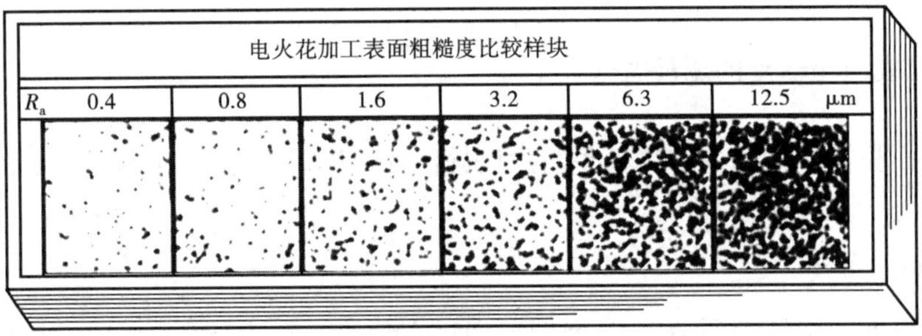

（b）电镀工艺复制的样块

图 3.3　粗糙度比较样块

①视觉法比较就是用人的眼睛反复比较被测表面与比较样板间的加工痕迹异同、反光强弱、色彩差异，以判定被测表面粗糙度的大小。必要时可借助放大镜进行比较。用视觉法进行比较，要求被测表面的加工方法及使用材料尽可能与粗糙比较样块相同。

Ra 为 25 ~ 3.2 μm 用目力直接观察；

Ra 为 1.6 ~ 0.8 μm 用 5 ~ 10 倍放大镜进行观察；

Ra 为 0.4 ~ 0.2 μm 可用双物镜比较显微镜进行观察。

②触觉法比较就是用手指分别触摸或划过被测表面和比较样板，根据手的感觉判断被测表面与比较样板在峰谷高度和间距上的差别，从而判断被测表面粗糙度的大小。比较时要求被测工件与比较样板在同一温度下进行。

(3)**针描法**

针描法是利用电动轮廓仪(表面粗糙度检查仪)的金刚石触针直接在被测表面上轻轻划过,从而测出表面粗糙度的方法。该方法可测量多种机加工零件的表面粗糙度,可根据选定的测量条件计算相应的参数,并在显示器上显示出全部测量参数和轮廓图形,该方法可直接显示 Ra 值,测量范围为0.025 ~6.3 μm。

表面粗糙度检查仪在测量工件表面粗糙度时,先将传感器搭放在工件被测表面上,然后启动仪器进行测量,由仪器内部的精密驱动机构带动传感器沿被测表面作等速直线滑行,传感器通过内置的锐利触针感受被测表面的粗糙度,此时工件被测表面的粗糙度会引起触针产生位移,该位移使传感器电感线圈的电感量发生变化,从而在相敏检波器的输出端产生与被测表面粗糙度成比例的模拟信号,该信号经过放大及电平转换之后进入数据采集系统,DSP(Digital Signal Processing)芯片对采集的数据进行数字滤波和参数计算,测量结果在显示器上给出。

3.4　实验步骤

3.4.1　用比较法测量粗糙度

①粗糙度试样擦拭干净。

②观察粗糙度试样面 A-面 F 的表面纹理,确定加工方法,找出与之对应的粗糙度样板。

③在照度足够的地点用放大镜观察粗糙度试样面 A-面 F 及粗超度样板表面加工纹理对光线的折射和反射,分别采用视觉法和触觉法判断试样面 A-面 F 的表面粗糙度,将判断结果记录在实验报告上。

视觉法具体为:将被测体和粗糙度样板通过目测或用放大镜(5 ~10 倍)观察,以及将被测体和粗糙度样板放在比较显微镜中观察它们的纹理和对光线的折射及反射,大致判断出被检测零件表面粗糙度的方法。

触觉法具体为:通过用手指对被测体表面和粗糙度样板表面的触摸大致判断出零件表面粗糙度的方法。

3.4.2　用粗糙度仪测量粗糙度

(1)**测量前的准备**

开机检查电池电压是否正常,擦净工件被测表面。

(2)**安装粗糙度测量仪**

将粗糙度测量仪安装在测量平台上,可更精确地调整仪器与被测工件之间的位置,操作更加可靠、平稳，使用范围更大，可测量复杂形状零件表面的粗糙度。尤其是当被测表面 *Ra* 值较小时，建议使用测量平台。将仪器正确、平稳、可靠地移动到工件被测表面上，传感器的滑行轨迹必须垂直于工件被测表面的加工纹理方向。

(3)**开机**

按下开关键约 2 s 后仪器将自动开机，开机后将显示仪器型号、名称及制造商信息，然后进入基本测量状态的主显示界面。进入参数设置界面，设置取样长度、评定长度、量程、滤波方式等参数。

①GB/T 1031—2009 规定了取样长度值推荐值，详见表 3.2。

表 3.2　*Ra*、*Rz* 参数数值与取样长度和评定长度选用关系

Ra/μm	*Rz*/μm	取样长度 *lr*/mm	评定长度 *ln*(*ln* = 5 × *lr*)
≥0.008 ~ 0.02	≥0.025 ~ 0.10	0.08	0.4
>0.02 ~ 0.1	>0.10 ~ 0.50	0.25	1.25
>0.1 ~ 2.0	>0.50 ~ 10.0	0.8	4.0
>2.0 ~ 10.0	>10.0 ~ 50.0	2.5	12.5
>10.0 ~ 80.0	>50.0 ~ 320	8.0	40.0

②评定长度首先选择标准推荐值，$ln = 5lr$，即评定长度内包含 5 个取样长度。当工件被测表面的尺寸空间小于 7 个取样长度(其中 2 个取样长度用于计算滤波用)时，可以选择 5 个以下的取样长度，但应当注意到，取样长度个数选择得越少，示值的重复性越差。

③量程选择建议先从最小量程开始选取，当出现超量程报警时，增大量程。

④滤波方式：本仪器共有 4 种。RC：传统滤波器，常见于老式模拟仪器上，现在通常用数字滤波实现，特点是滤波后轮廓形状发生畸变，对 *Ra* 参数值影响不大，对其他参数有不同程度影响。PC-RC：对 RC 进行了相位修正，滤波后轮廓形状基本不变，其幅值传输特性与 RC 相同。Gauss：新标准滤波器，它将取代 RC，特点是滤波后轮廓形状基本不变。D-P：只对未滤波轮廓取最小二乘中线。

(4)**调整触针位置**

如图 3.4 所示，使用触针位置来确定传感器的位置，尽量使触针在中间位置进行测量。在主界面状态下，按触针位置键用于切换触针位置显示界面和主显示界面。

(5)**参数校准**

仪器在测量前，通常需用标准样板进行校准。本仪器随机配置一个标准样板，测量前，用仪器先测试样板，正常情况下，当测量值与样板值之差在合格范围内，测量值有效，即可直接测量。如果测量值与样板值之差大于仪器规定的误差范围，或者是用户要求精度较高，可以使用示值校准功能来修正和提高测量精度。

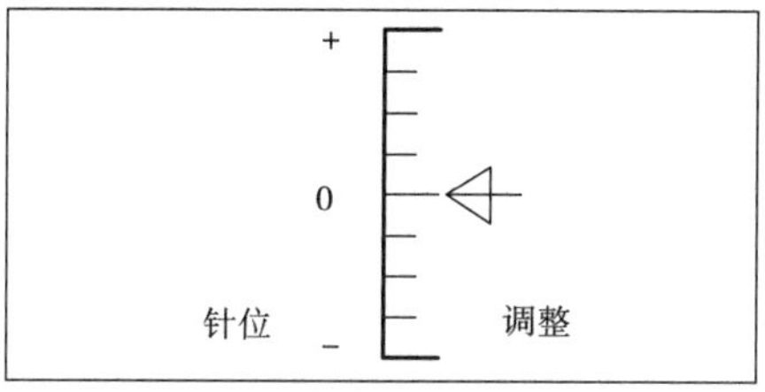

图 3.4　触针位置指示界面

(6)**启动测量**

在主界面状态下,按启动测量键“START”开始测量。测量完毕后,可以通过不同的按键方式观察全部测量结果,记录并填入实验报告中。

实验 4

齿轮参数及精度测量

4.1 实验目的

①熟悉并巩固齿轮部分尺寸与参数的计算关系和渐开线的性质。

②掌握应用公法线千分尺测量渐开线圆柱齿轮主要参数的方法。

③掌握齿轮齿圈径向跳动的测量方法。

④掌握齿轮分度圆弦齿高和弦齿厚公称值的计算方法,并熟悉使用齿厚卡尺进行齿厚测量的方法。

⑤加深对齿轮单个齿距偏差和齿距累积偏差定义及其合格条件的理解。

⑥掌握根据被测齿轮齿距偏差测量数据求解单个齿距偏差、齿距累积总偏差的方法。

⑦掌握公法线平均长度偏差和公法线长度变动的测量方法。

4.2 实验对象和设备

(1)实验对象

标准直齿圆柱齿轮或变位直齿圆柱齿轮。

(2)实验设备

公法线千分尺、数显游标尺、齿厚游标尺、齿轮周节检查仪、齿轮跳动检查仪,如图 4.1 所示。

(a)公法线千分尺

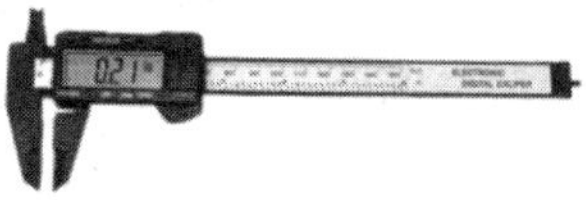

(b)数显游标尺

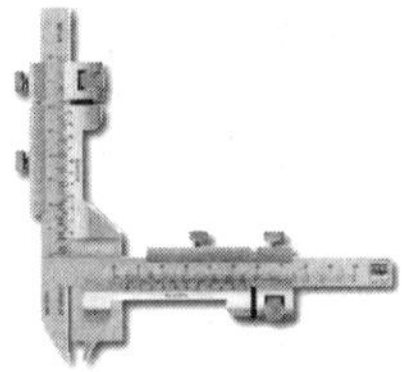

(c)齿厚游标尺

(d)齿轮周节检查仪

(e)齿轮跳动检查仪

图4.1　实验设备

4.3　测量原理及仪器说明

4.3.1　齿轮参数测量的原理和方法

(1)渐开线直齿圆柱齿轮的主要参数的测定

齿数 Z,模数 m,齿顶高系数 h_a^*,顶隙系数 c^*,分度圆压力角 α,变位系数 x 等是齿轮的基本参数,这些参数可能过测量或计算而得。这些参数一旦被确定,则该齿轮的各部分尺寸即可确定。

①用公法线千分尺测定公法线长度,确定 m 的值。

如图4.2(a)所示,当公法线千分尺的两卡脚分别与两渐开线齿廓的不同位置相切时,两

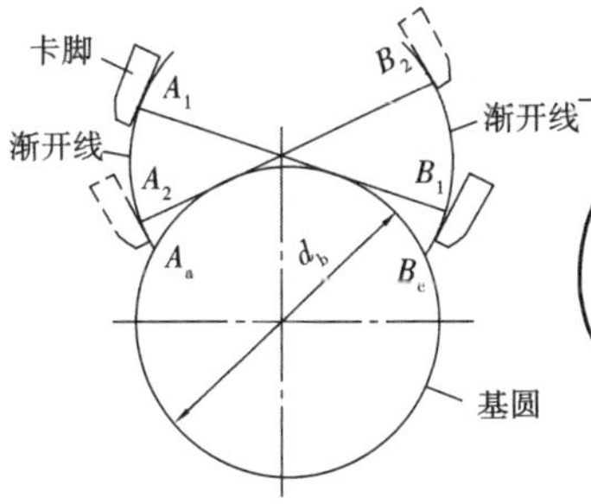

(a)测量原理图

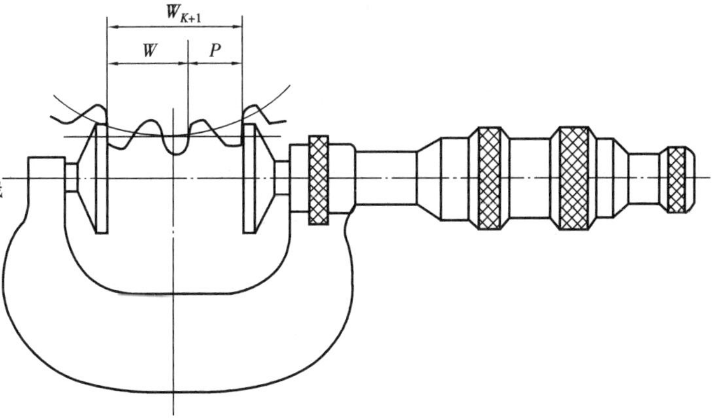

(b)实测图

图4.2　直齿圆柱齿轮公法线测量

切点间距$\overline{A_1B_1}$和$\overline{A_2B_2}$均为两渐开线的公法线，根据渐开线性质可知：$\overline{A_1B_1}=\overline{A_2B_2}=\overline{A_0B_0}$，且必与基圆相切。卡脚与齿廓的切点位置与卡测数 K 的多少有关，如果卡测齿数过多，则卡脚可能与两齿顶相接触而不是相切；相反，如果卡齿数过少，则两卡脚可能与齿根接触，也不一定是相切。这时所测出的两触点间的距离不是真正的公法线长度。测量公法线长度时，最好使两卡脚与两齿廓的切点大致落在分度线附近，如图 4.2(b)所示。用公法线千分尺跨过 K 个齿，测得齿廓间的公法线距离为 W_K mm，然后再跨过 $K+1$ 个齿，测得其距离为 W_{K+1} mm。跨齿数 K 值应根据被测齿轮的齿数 Z 参考表 4.1 决定。

表 4.1 跨测齿数

Z	12~18	19~27	28~36	37~45	46~54	55~63	64~72	73~81
K	2	3	4	5	6	7	8	9

由渐开线的性质可知，齿廓间的公法线与所对应的基圆上的圆弧长度相等，则

$$W_{K+1}-W_K=P=\pi\cdot m\cdot\cos\alpha$$

$$m=\frac{W_{K+1}-W_K}{\pi\cdot\cos\alpha} \tag{4.1}$$

由于式中 α 已标准化，在我国规定 $\alpha=20°$，将 cos 20°的值代入式(4.1)计算出 m 的值，如表 4.2 所示，将计算出的 m 值与 GB/T 1357—2008《通用机械和重型机械用圆柱齿轮　模数》对照取最接近计算 m 的标准模数为该齿轮的模数。

②测变位系数 x。

齿轮公法线公称值按下式计算：

$$W_{公称}=m\cdot\cos\alpha\cdot[\pi\cdot(K-0.5)+z\cdot\mathrm{inv}\,\alpha]+2\cdot x\cdot m\cdot\sin\alpha \tag{4.2}$$

式中，x 为径向变位系数；inv α 为 α 角的渐开线函数，inv 20°=0.014 904，K 为测量时的跨齿数，$\alpha=20°$的标准齿轮 $K=\dfrac{Z}{9}+0.5$（K 取整数，四舍五入）。

当 $x\neq0$ 时，齿轮为变位齿轮，公法线长度计算公式为(4.2)称为 $W_{K(变)}$。

当 $x=0$ 时，齿轮为标准齿轮，公法线长度计算公式为(4.3)称为 $W_{K(标)}$。

$$W_{K(标)}=m\cdot\cos\alpha[\pi\cdot(K-0.5)+z\cdot\mathrm{inv}\,\alpha] \tag{4.3}$$

$$W_{K(变)}-W_{K(标)}=2\cdot x\cdot m\cdot\sin\alpha$$

$$x=\frac{W_{K(变)}-W_{K(标)}}{2m\sin\alpha} \tag{4.4}$$

式中　$W_{K(变)}$——用公法线千分尺跨 K 个齿测得的实际公法线长度；

$W_{K(标)}$——利用标准直齿圆柱齿轮的公法线长度公式计算而得。

若测得 $W_{K(变)} = W_{K(标)}$，$x=0$，该齿轮即为标准齿轮。

③齿顶高系数 h_a^*，顶隙系数 c^* 的测定。

根据齿根高 h_f 的计算公式确定 h_a^*，c^*：

$$h_f = m(h_a^* + c^* - x) = (mz - d_f)/2 \tag{4.5}$$

式中，d_f 为齿根圆直径可用游标卡尺测得，齿数为偶数时，可使用游标卡尺直接测量；齿数为奇数时，可如图4.3所示间接测量并通过下式计算得出。

$$d_f = 2L_1 + \phi \tag{4.6}$$

式中　d_f——齿根圆直径；

ϕ——被测齿轮孔的直径；

L_1——齿根到被测齿轮孔顶部的距离。

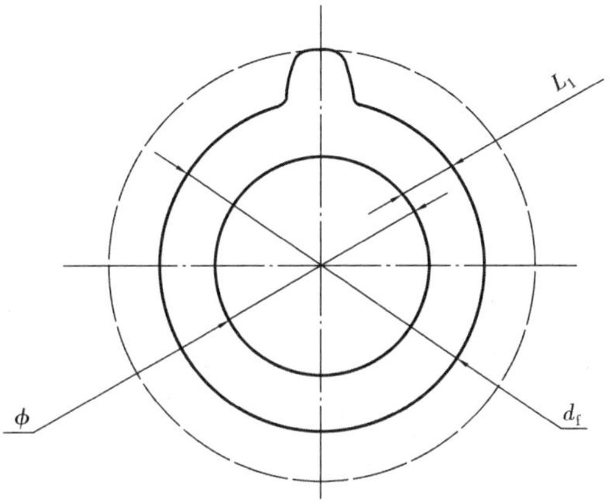

图4.3　齿根圆直径测量

因在式(4.5)中仅 h_a^*，c^* 两参数为未知，故只要分别将标准齿的齿顶高系数 $h_a^*=1$、顶隙系数 $c^*=0.25$ 和短齿的齿顶高系数 $h_a^*=0.8$、顶隙系数 $c^*=0.3$ 两组标准值分别代入公式计算，最接近等式的一组，即为所求的值。

(2)**渐开线斜齿圆柱齿轮在法面内的主要参数的测定**

①用公法线千分尺测量齿轮法面公法线长度，确定 m_n 的值。

因斜齿轮的齿呈螺旋形，故不能在端面内用公法线千分尺测量端面公法线长度 W_{tK}，只能在法面内测量斜齿轮的法面公法线长度 W_{nK}。

法面公法线长度的测量方法如图4.4所示，用公法线千分尺在斜齿轮的法面内，跨 K 个齿测量齿廓间的公法线长度为 W_{nK}，然后再跨过 $K+1$ 个齿，测得公法线长度为 $W_{n(K+1)}$，跨齿数 K 应根据当量齿数(假想齿数)z_v($z_v = z/\cos^3\beta$)参考表4.1决定(原则与测直齿相同)。

因为斜齿轮在法面上的基圆周节

$$P_n = W_{n(K+1)} - W_{nK}$$

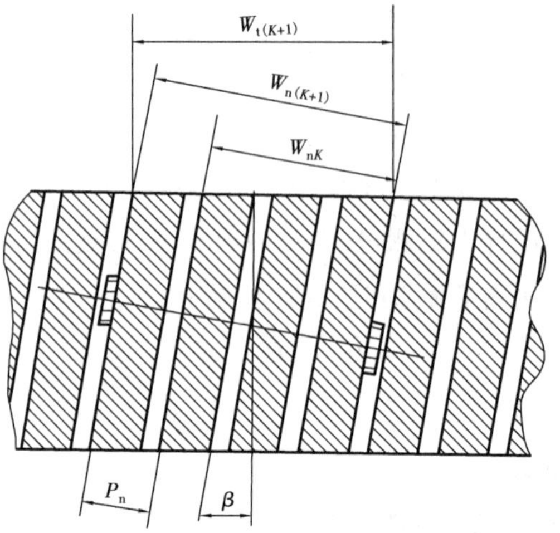

图 4.4　斜齿圆柱齿轮公法线测量

$$P_n = m_n \cdot \pi \cdot \cos\alpha_n = W_{n(K+1)} - W_{nK}$$

$$m_n = \frac{W_{n(K+1)} - W_{nK}}{\pi \cdot \cos\alpha_n} \tag{4.7}$$

由于式中 α_n 已标准化，在我国规定 $\alpha = 20°$，将 cos 20 °的值代入式(4.7)计算出 m_n 的值，将计算出的 m_n 值与 GB/T 1357—2008《通用机械和重型机械用圆柱齿轮　模数》对照最接近计算 m_n 的标准模数为该齿轮的法面模数，齿轮模数系列见表 4.2。

表 4.2　齿轮模数系列(GB/T 1357—2008)

系列Ⅰ	1,1.25,1.5,2,2.5,3,4,5,6,8,10,12,16,20,25,32,40,50
系列Ⅱ	1.125,1.375,1.75,2.25,2.75,3.5,4.5,5.5,6.5,7,9,11,14,18,22,28,36,45

②斜齿轮法面变位系数 x_n 的测定。

$$W_{Kn(公称)} = m_n[\pi \cdot (k - 0.5) \cdot \cos\alpha_n + z' \cdot \text{inv}\,\alpha_n] + 2 \cdot x \cdot m_n \sin\alpha_n \tag{4.8}$$

当 $x \neq 0$ 时，齿轮为变位齿轮，公法线长度计算公式为(4.8)称为 $W_{Kn(变)}$。

当 $x = 0$ 时，齿轮为标准齿轮，公法线长度计算公式为(4.9)称为 $W_{Kn(标)}$。

$$W_{Kn(标)} = m_n[\pi \cdot (k - 0.5) \cdot \cos\alpha_n + z \cdot \text{inv}\,\alpha_n] \tag{4.9}$$

$$2 \cdot x \cdot m_n \sin\alpha_n = W_{Kn(变)} - W_{Kn(标)}$$

$$x = \frac{W_{Kn(变)} - W_{Kn(标)}}{2m_n \sin\alpha_n} \tag{4.10}$$

式中　$W_{nK(变)}$——用公法线千分尺在斜齿轮的法面所测得的实际公法线长度。

$W_{nK(标)}$——利用标准斜齿轮的法面公法线长度计算公式计算而得。

③齿顶高系数 h_a^*，顶隙系数 c^* 的测定。

根据齿根高 h_f 的计算公式确定 h_a^*，c^*，

$$h_f = m_n(h_a^* + c^* - x) = \frac{m_t z - d_f}{2} \tag{4.11}$$

式中：$m_t = m_n/\cos\beta$，m_t 端面模数。

β——斜齿轮的螺旋角，可用角度仪测得；

d_f——齿根圆直径，可用数显游标卡尺测定参照图4.3。

分别用标准齿的 $h_a^* = 1$、$c^* = 0.25$ 和短齿的 $h_a^* = 0.8$、$c^* = 0.3$ 两组标准值分别代入式(4.11)，符合等式的一组值，即为所求的值。

标准直齿轮、斜齿(人字齿)轮常用参数计算公式汇总见表4.3。

表4.3　标准直齿轮、斜齿(人字齿)轮计算公式

名　称	代　号	直齿轮	斜齿(人字齿)轮
模　数	m 或 m_n	m 由强度计算或结构设计确定，并按 GB/T 1357—2008 取为标准值	m_n 由强度计算或结构设计确定，并按 GB/T 1357—2008 取为标准值，$m_t = m_n/\cos\beta$
压力角	α 或 α_n	$\alpha = 20°$	$\alpha = 20°$ $\tan\alpha_t = \tan\alpha_n/\cos\beta$
分度圆直径	d	$d = zm$	$d = zm_t = zm_n/\cos\beta$
齿顶高	h_a	$h_a = h_a^* m$	$h_a = h_{an}^* m_n$
齿根高	h_f	$h_f = (h_a^* + c^*)m$	$h_f = (h_{an}^* + c_n^*)m_n$
全齿高	h	$h = h_a + h_f = 2.25m$	$h = h_a + h_f = 2.25m_n$
齿顶圆直径	d_a	$d_a = d + 2h_a = (z+2)m$	$d_a = d + 2h_a$
齿根圆直径	d_f	$d_f = d - 2h_f = (z-2.5)m$	$d_f = d - 2h_f$
中心距	a	$a = \frac{d_1 + d_2}{2} = \frac{(z_1 + z_2)m}{2}$	$a = \frac{d_1 + d_2}{2} = \frac{(z_1 + z_2)m_n}{2\cos\beta}$

4.3.2　齿轮精度检测

根据渐开线圆柱齿轮精度规定，在一个齿轮工作图中除了具备一般零件图的要求，还应在工作图上标注齿轮的精度等级，齿厚极限偏差的字母代号(或偏差数值)和标准号。

齿轮精度等级分为13级，其中0级最高，12级最低。根据误差特性及对传动性能的影响，将齿轮的各项公差分为3个公差组，见表4.4。

齿轮副侧隙是区别于以上3个公差组的描述齿轮精度的另一项目，是用来保证齿轮副正常运转的指标，用最大极限侧隙(j_{nmax}或j_{tmax})与最小极限侧隙(j_{nmin}或j_{tmin})来规定。

表 4.4　齿轮的 3 个公差组

	项　目	误差特性	对传动性能的主要影响
公差组Ⅰ	切向综合总偏差 F_i'、齿距累积总偏差 F_P、齿距累积偏差 F_{pK}、径向综合总偏差 F_i''、径向跳动 F_r、公法线长度变动偏差 F_w 等	以齿轮一转为周期的误差	传递运动的准确性
公差组Ⅱ	一齿切向综合偏差 f_i'、一齿径向综合偏差 f_i''、单个齿距偏差 f_{pt} 等	在齿轮一周内，多次周期性地重复出现的误差	传动的平稳性、噪声、振动
公差组Ⅲ	螺旋线总偏差 F_β 等	齿向线的误差	载荷分布的均匀性

分度齿轮侧重传动的准确性且传动侧隙要小，高速齿轮侧重传动平稳性，低速重载齿轮侧重载荷分布均匀性，因此，齿轮检测时应根据齿轮的不同用途选择 3 个公差组中不同的检验项目。由于检验项目较多和实验设备的限制，下面只对其中几个检验项目进行介绍。

(1) 齿圈径向跳动 ΔF_r 测量

径向跳动 F_r 是指测头(球形、圆柱形或锥形)相继置于齿槽内时，从它到齿轮轴线的最大和最小径向距离之差见表 4.5。以齿轮基准孔的轴线 O 为中心，转动齿轮，使齿槽在正上方，再将球形测头(或用圆柱)插入齿槽在近似齿高中部与左右齿面接触，从千分表上读数，依次测量所有齿。将各次读数记在坐标图上，如图 4.5 所示，取最大读数与最小读数之差作为齿圈径向跳动 ΔF_r，ΔF_r 应不大于齿圈径向跳动公差值为合格。

表 4.5　径向跳动公差 F_r(节选 GB/T 10095.2—2008)

单位：μm

分度圆直径 d/mm	法向模数 m_n/mm	精度等级												
		0	1	2	3	4	5	6	7	8	9	10	11	12
$50 < d \leqslant 125$	$2.0 < m_n \leqslant 3.5$	2.5	4.0	5.5	7.5	11	15	21	30	43	61	86	121	171
	$3.5 < m_n \leqslant 6.0$	3.0	4.0	6.0	8.0	11	16	22	31	44	62	88	125	176
$125 < d \leqslant 280$	$2.0 < m_n \leqslant 3.5$	3.5	5.0	7.0	10	14	20	28	40	56	80	113	159	225
	$2.0 < m_n \leqslant 3.5$	3.5	5.0	7.0	10	14	20	29	41	58	82	115	163	231

齿轮径向跳动误差可用齿轮径向跳动检查仪、万能测齿仪或普通偏摆检查仪等仪器测

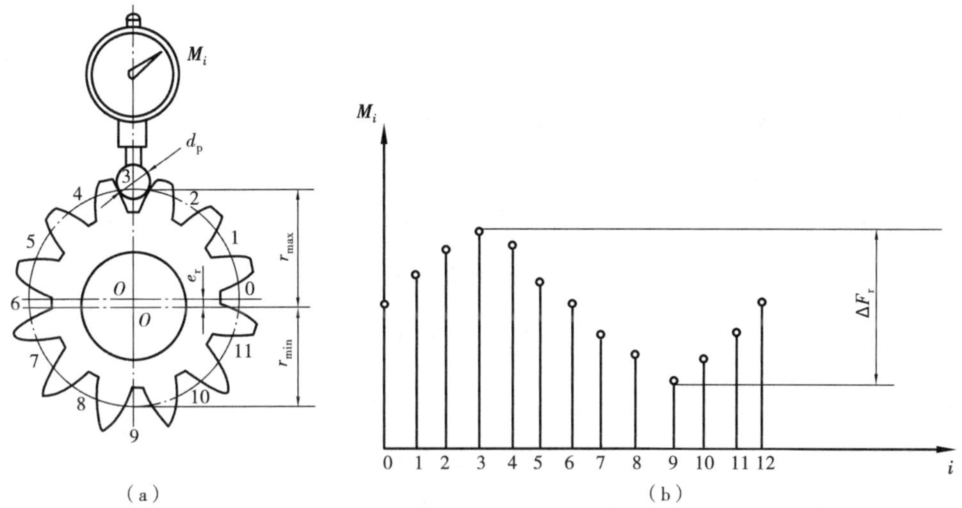

图4.5 齿轮径向跳动测量原理图

量，本实验采用齿轮径向跳动测量仪来测量。该仪器是手动、纯机械齿轮测量仪器，利用两顶尖定位齿轮，用手动转动齿轮，测头逐齿在齿轮的径向测量其跳动误差。

齿圈径向跳动 ΔF_r 是指在齿轮一转范围内，测头在齿槽内或齿轮上，与齿高中部双面接触，测头相对于齿轮轴心线的最大变动量。它主要是由齿轮加工中毛坯安装的几何偏心和齿轮机床工作台的跳动或插齿刀的偏心等引起的。这种误差将使齿轮传动一周范围内传动比发生变化。

齿轮跳动检查仪是一种多用途的测量仪器，可供检查有中心孔的圆柱、圆锥表面和端面、6级或6级以下精度有中心孔的带轴内外啮合圆柱齿轮、圆锥齿轮和蜗轮蜗杆等的径向跳动或端面跳动量。卧式齿轮径向跳动测量仪的结构如图2.6所示。

测量时，将被测齿轮13用芯轴4安装在两个顶尖架7的顶尖5之间（齿轮基准孔与芯轴成无间隙配合，用芯轴轴线模拟该齿轮的基准轴线），或将齿轮轴直接安装在两个顶尖之间。指示表2的位置固定后，使安装在指示表测杆上的球形侧头或圆锥角等于 2α（α 为标准压力角）的锥形测头在齿槽内接近齿高中部与该齿槽左右齿面接触。测头尺寸的大小应与被测齿轮的模数协调，以保证测头在接近齿高中部与齿槽双面接触。用测头逐齿槽地测量它相对于齿轮基准轴线的径向位移，该径向位移由指示表2的示值反映出来。指示表的最大与最小示值之差即为齿轮径向跳动 F_r 的数值。

为了测量各种不同模数的齿轮，仪器备有大小不同可换的球形测量头，仪器还可以通过更换不同的杠杆完成不同类型齿轮的检测。

外接触杠杆——呈直角三角形，用于测量端面及伞齿轮。

内接触杠杆——呈直角形，用于测量内孔的跳动及内齿轮的跳动。

测量圆柱直齿轮齿圈径向跳动时，不需要选用内外接触杠杆，直接将球形侧头接在指示表的量杆下即可。

(2)**齿厚偏差 ΔE_s 的测量**

对于中等精度以下的齿轮的齿厚偏差 ΔE_s 的测量,通常采用游标式或光学式齿厚卡尺以齿顶圆为定位基准进行测量。

由于测量弧齿厚比较困难,通常都是以测量齿轮的弦齿厚,并以弦齿厚偏差代替弧齿厚偏差。直齿圆柱齿轮的公称分度圆弦齿厚 $S_{弦}$ 和弦齿高 $h_{弦}$ 可按下式计算:

$$\bar{h} = h_{弦} = m \cdot \{h_a^* + z/2 \times [1 - \cos(90°/z)]\} \tag{4.12}$$

$$\bar{s} = S_{弦} = m \cdot z \cdot \sin(90°/z) \tag{4.13}$$

式中: m 为模数;z 为齿数;h_a^* 为齿顶高系数,正常取 1。

因齿顶圆直径存在加工误差,为消除其对测量的影响,用实际弦齿高代替理论弦齿高,即

$$h_{实} = m \times \{1 + z/2 \times [1 - \cos(90°/z)]\} - (D_e - D'_e)/2 \tag{4.14}$$

式中:D_e 为公称齿顶圆直径;D'_e为实测齿顶圆直径。

本实验用齿厚卡尺测量齿厚实际值。测量齿厚所用的齿轮游标卡尺的结构如图 4.6 所

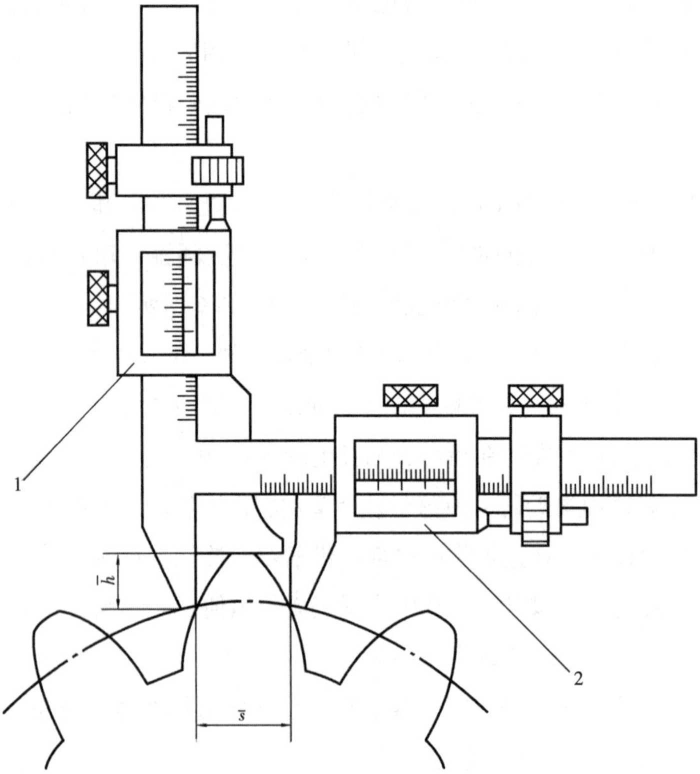

图 4.6　齿厚偏差的测量

1—垂直游标尺;2—水平游标尺

示。它主要由两条互相垂直的刻线尺组成，垂直游标尺1用以确定弦齿高，水平游标尺2用以测量弦齿厚，分度值均为0.02 mm，测量模数为$m=1\sim16$ mm。测量时，分度圆弦齿高$\bar{h}$按式(4.12)求得，以齿顶为基准，并按$\bar{h}$调整垂直方向上的游标卡尺。然后在水平游标卡尺上读出分度圆弦齿厚$\bar{S}$。

(3)公法线平均长度偏差ΔE_{wm}和公法线长度变动ΔF_w的测量

公法线长度可用公法线千分尺测量，如图4.7所示。测量公法线长度时，要求测量器具的两平行测量面与被测齿轮的异齿面在分度圆附近相切。对于齿形压力角$\alpha=20°$的齿轮，按$k=\left(\frac{z}{9}\right)+0.5$选择跨齿数（$k$取整数，四舍五入）。

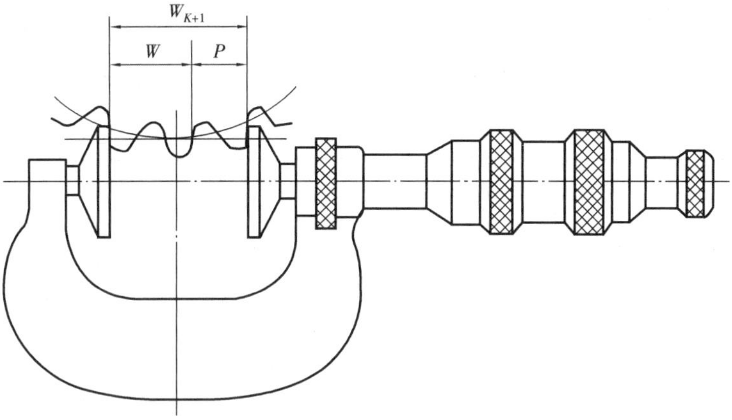

图4.7　公法线千分尺测ΔE_{wm}和ΔF_w

在被测齿轮圆周上均匀分布的6个位置上测得相应的公法线长度值，其最大差值即为公法线长度变动值，即$\Delta F_w=W_{max}-W_{min}$，各公法线长度的平均值与其公称值之差即为公法线平均长度偏差ΔE_{wm}。

$$\Delta E_{wm}=\frac{1}{6}\sum_{i=1}^{6}W_{K(实测)}-W_{K(公称)} \tag{4.15}$$

$$W_{K(公称)}=m\cdot\cos[\pi\cdot(k-0.5)+z\cdot\text{inv}\,\alpha]+2\cdot x\cdot m\cdot\sin\alpha$$

(4)单个齿距偏差f_{pt}与齿距累积总偏差F_p测量

齿轮齿距p用来表示齿轮分度圆上同侧齿面两相邻点之间的弧长。齿轮齿距偏差用来反映同一齿轮上每个齿的偏差，如果齿距偏差较大，则导致齿轮的传动性能降低。齿轮在低速转动时，齿距偏差直接影响着齿轮的传动精度。而在高速运转时，齿距偏差直接影响齿轮之间啮合的平稳性。因此，齿轮齿距偏差是用来评估齿轮传动性能和齿轮几何精度参数的重要指标，齿轮齿距偏差是必须检测的精度项目之一，各种齿轮精度等级下单个齿距偏差$\pm f_{pt}$和齿距累积总偏差F_p见表4.6、表4.7。

齿轮齿距偏差测量方法主要包括绝对法和相对法。绝对测量法的实质为测量齿轮的分度圆处的同一齿高位置，测量圆周与两个同侧齿面交点所对应的实际齿距角与理论齿距角的差值。通常情况下，在测量齿距偏差时，绝对法使用单测头，通过装有高精度的分度装置，采用高精度的角度量仪和线性测微仪，从而测出该齿的实际齿距，由测微仪显示理论齿距角与其对应的实际齿距角的变化量，该变化量即为齿距累积偏差，经过数据处理计算出单个齿距偏差和齿距累积总偏差。目前，对于齿轮齿距偏差的测量，常规齿轮大多数都采用绝对法进行测量，但随着被测齿轮模数和直径的增大，绝对测量法的分度误差也随之增大，导致测量精度下降。因此，一般大型齿轮齿距偏差测量采用相对测量法。相对测量法属于间接测量法，在测量过程中，通常使用双测头，选定齿轮上任意一个齿距的两个同侧齿面的齿高中部的位置相接触，将该齿距作为相对基准，进而逐齿测量该齿轮上的其他各个齿距相对于该基准齿距的偏差的差值，通过数据处理求出齿距偏差，进而计算出单个齿距偏差和齿距累积总偏差。

表 4.6　单个齿距偏差 $\pm f_{pt}$（节选 GB/T 10095.1—2008）

单位：μm

分度圆直径	模数	精度等级												
d/mm	m/mm	0	1	2	3	4	5	6	7	8	9	10	11	12
$50<d\leq125$	$2.0<m\leq3.5$	1.0	1.5	2.1	2.9	4.1	6.0	8.5	12.0	17.0	23.0	33.0	47.0	66.0
	$3.5<m\leq6.0$	1.1	1.6	2.3	3.2	4.6	6.5	9.0	13.0	18.0	26.0	36.0	52.0	73.0
$125<d\leq280$	$2.0<m\leq3.5$	1.1	1.6	2.3	3.2	4.6	6.5	9.0	13.0	18.0	26.0	36.0	51.0	73.0
	$3.5<m\leq6$	1.2	1.8	2.5	3.5	5.0	7.0	10.0	14.0	20.0	28.0	40.0	56.0	79.0

表 4.7　齿距累积总偏差 F_p（节选 GB/T 10095.1—2008）

单位：μm

分度圆直径	模数	精度等级												
d/mm	m/mm	0	1	2	3	4	5	6	7	8	9	10	11	12
$50<d\leq125$	$2.0<m\leq3.5$	3.3	4.7	6.5	9.5	13.0	19.0	27.0	38.0	53.0	76.0	107.0	151.0	214.0
	$3.5<m\leq6.0$	3.4	4.9	7.0	9.5	14.0	19.0	28.0	39.0	55.0	78.0	110.0	156.0	231.0
$125<d\leq280$	$2.0<m\leq3.5$	4.4	6.0	9.0	12.0	18.0	25.0	35.0	50.0	70.0	100.0	141.0	199.0	282.0
	$3.5<m\leq6$	4.7	6.5	9.5	13.0	19.0	26.0	37.0	53.0	75.0	106.0	149.0	211.0	299.0

在本实验中，首先，以被测齿轮上任一实际齿距作为基准齿距调整齿距仪指示表的示值零位；然后，用调整好示值零位的量仪依次逐齿地测量其余齿距对基准齿距的偏差；最后，按圆周封闭原理（即同一齿轮所有齿距偏差的代数和为零）进行数据处理，以指示表依次逐齿地测出的各个示值的平均值作为理论齿距，求解单个齿距偏差 Δf_w、齿距累积总偏差 Δf_p 的数值。测量时应在齿高中部同一圆周上进行，这就要求保证测量基准的精度。齿轮的测量基准可选用齿轮内孔、齿顶圆和齿根圆。本实验以齿顶圆定位，因而对齿轮外圆的径向圆跳动应有相应的要求，否则将造成较大的测量误差。

双测头式齿距仪的结构如图 4.8 所示。测量时,将被测齿轮和齿距仪都放置在平板上。量仪以被测齿轮的齿顶圆定位,将两个定位支脚 2 分别与齿顶圆接触,并适当调整它们的位置,以使固定量脚 4 和活动量脚 3 能够在接近齿高中部的一个尽量与被测齿轮基准轴线同心的圆上,分别与任选的相邻两个同侧齿面接触,活动量脚 3 的移动经量仪杠杆机构传递给指示表 7 的测杆,引起指示表示值变化,其示值即为这两个同侧齿面的实际齿距。

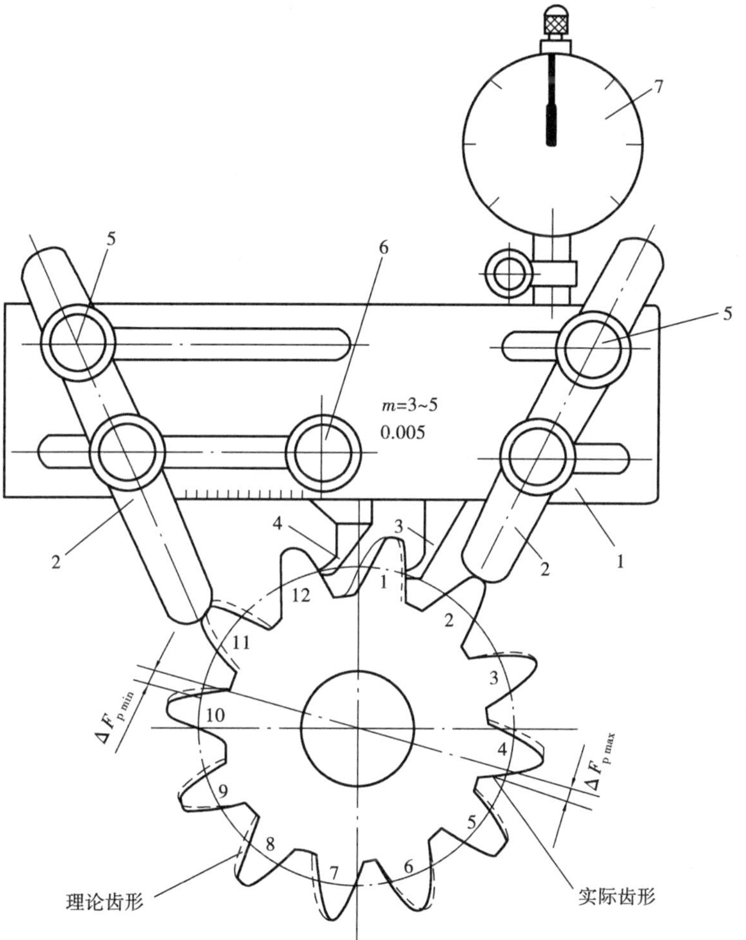

图 4.8　双测头式齿距仪

1—基体;2—定位支脚;3—活动量脚;4—固定量脚;

5—支脚 2 的紧固螺钉;6—量脚 4 的紧固螺钉;7—指示表

4.4　实验步骤

4.4.1　齿轮参数测量

①人工仔细数出齿轮的齿数。

②用公法线千分尺测定公法线长度。

③用游标卡尺测量得到齿轮齿根圆直径。

④计算得到齿轮的齿数 z、模数 m、齿顶高系数 h_a^*、顶隙系数 c^*、分度圆压力角 α、变位系数 x。

4.4.2 齿圈径向跳动 ΔF_r 测量

①选择和安装指示表测头。

根据被测齿轮的模数，见表 4.8 选择尺寸合适的球形或锥形测头，将它安装在指示表的测杆上。

表 4.8 径向跳动指示表测头直径与齿轮模数对照表

被测量齿轮模数/mm	1	1.25	1.5	1.75	2	3	4	5
测量头直径/mm	1.7	2.1	2.5	2.9	3.3	5	6.7	8.3

测头选取原则：使测头与被测齿轮的齿槽双面接触，接触点在被测齿轮的中径附近，按下列公式进行计算：

$$D_p = D_b \times \left[\tan\left(\alpha + \frac{90^\circ}{z}\right) - \tan\alpha\right]$$

也可按简化公式计算：

$$D_p = 1.5 \sim 1.8 \times m(\text{建议取 } D_p = 1.68 \times m)$$

式中 D_p——测头直径，mm；

D_b——基圆直径，mm；

z——齿数，mm；

m——齿轮模数，mm；

α——压力角，(°)。

②安装被测齿轮，并调整指示表测头与被测齿轮的相对位置。

使用实验 1 中的齿轮跳动检测仪，如图 2.6 所示，将被测齿轮 13 安装在芯轴 4 上（确保该齿轮的基准孔与心轴成无间隙配合），然后将该芯轴安装在两个顶尖 5 之间（注意调整两个顶尖之间的距离，使芯轴无轴向窜动，且能自由转动）。松开滑台锁紧螺钉 11，转动滑台移动手轮 12，使滑台 9 移动，使测头大约位于齿宽中间，然后再将滑台锁紧螺钉 11 锁紧。

③调整量仪指示表示值零位。放下指示表测量扳手 3，松开指示表表架锁紧螺钉 14，转动升降螺母 15，使指示表测头随表架下降到与某个齿槽双面接触，将指示表 2 的指针压缩（正转）1 ~ 2 转，然后将指示表表架锁紧螺钉 14 旋紧，固定表架。转动指示表的表盘（分度盘），

将表盘的零刻线对准指示表的长指针，确定指示表的示值零位。

④测量。抬起指示表测量扳手3，将被测齿轮13转过一个齿槽，然后放下指示表测量扳手3，使测头进入该齿槽内，与该齿槽双面接触，并记下指示表的示值。这样逐齿槽地测量所有的齿槽，从各次示值中找出最大示值和最小示值，计算齿圈径向跳动 ΔF_r（$\Delta F_r = r_{max} - r_{min}$）。

⑤根据齿轮的技术要求判断合格性，ΔF_r 需不大于齿圈跳动公差值为合格。

4.4.3　齿厚偏差 ΔE_s 测量

①计算齿顶圆公称直径 d_a 和分度圆弦齿高 $\bar{h}$ 公称值、弦齿厚公称值 $\bar{s}$ 。

②测量出齿轮顶圆实际直径 $d_{a实际}$。按 $\left[\bar{h} - \frac{1}{2}(d_a - d_{a实际})\right]$ 的数值调整齿厚卡尺的垂直游标尺，然后将其游标加以固定。

③将齿轮卡尺置于被测齿轮上，使垂直游标尺的高度板与齿顶可靠地接触，然后移动水平游标尺的量爪，使之与齿面接触，从水平游标尺上读出弦齿厚实际值 $\bar{s}_{实际}$。这样依次对圆周上均布的几个齿进行测量。测出齿厚实际值 $\bar{s}_{实际}$ 与齿厚公称值 $\bar{s}$ 之差即为齿厚偏差 ΔE_s。

4.4.4　单个齿距偏差 f_{pt} 与齿距累积总偏差 F_p 测量

（1）调整测量爪的位置

根据被测齿轮的模数，将固定量脚4的位置调整到模数标尺的相应刻线上，然后用量脚4的紧固螺钉6紧固，如图4.8所示。

（2）调整定位杆的相对位置

将被测齿轮放在平板上，将量仪以其底面上的3个圆销放置在平板上，使两个定位支脚2与被测齿轮的齿顶圆接触，然后调整它们的位置，以使活动量脚3和固定量脚4能够在接近齿高中部的一个尽量与被测齿轮基准轴线同心的圆上，分别与任选的相邻两个同侧齿面接触，拧紧4个支脚2的紧固螺钉5，使两个定位支脚2的位置固定。

（3）调节指示表灵位

将指示表的指针压缩（正转）约半圈，旋转指示表的表盘，使零刻线对准指针，确保指示表的示值为零。将量仪的量爪和定位支脚稍微移开齿轮，再重新使它们接触，以检查指示表示值的稳定性。这样重复3次，待指示表示值稳定后，再调整指示表示值零位。这时，以所测齿距作为测量其余齿距的基准齿距。

（4）测量

用调整好示值零位的齿距仪依次逐齿地测量其余各个齿距相对于基准齿距的偏差，每个齿距重复测量两次，取两次示值的平均值作为测量值，列表记录指示表的示值。测量时，量爪要注意轻进轻出，不得碰击。测完所有的齿距后，应复查指示表示值零位。

(5) **处理测量数据**

处理所测数据，求解齿轮的单个齿距偏差和齿距累积总偏差的数值。周节累积误差可以用计算法或作图法求解，下面以实例说明：

1) 用计算法处理测量数据

相对测量法齿距偏差计算公式如下：

各齿齿距的相对值 p_i：

$$p_i = \xi_1 - \xi_2 \tag{4.16}$$

各相对齿距偏差的平均值 p_m：

$$p_m = \sum_{i=1}^{Z} p_i \tag{4.17}$$

计算齿距偏差时因为第一个周节是任意选定的，假设它对公称周节的偏差为 K，以后每测一个齿都引入了该偏差 K，K 值为各周节相对偏差的平均值，即

$$K = \frac{p_m}{z} = 0.5\ \mu m \tag{4.18}$$

第 i 齿的齿距偏差 f_{p_i}：

$$f_{p_i} = p_i - K \tag{4.19}$$

齿距累积偏差 F_{p_i}：

$$F_{p_i} = \sum_{i=1}^{z} f_{p_i} \tag{4.20}$$

单个齿距偏差 f_{pt} 为第 i 齿 f_{pi} 的最大值，即

$$f_{p_t} = \pm \max(f_{p_i}) \tag{4.21}$$

齿距累积总偏差 F_p 即为齿距累积偏差的最大幅值，即

$$F_p = |\max(F_{p_i}) - \min(F_{p_i})| \tag{4.22}$$

其中，ξ_1 表示测头 1 在第 i 个齿位置的读数，ξ_2 表示测头 2 在第 i 个齿位置的读数，z 表示齿轮的齿数。

实际计算过程见表 4.9。

表 4.9　计算法处理测量数据

齿序	齿距相对偏差	相对齿距累积偏差	齿距偏差	齿距累积偏差
n	p_i	$p_m = \sum_{i=1}^{z} p_i$	$f_{p_i} = p_i - K$	F_{p_i}
1	0	0	-0.5	-0.5

续表

齿序	齿距相对偏差	相对齿距累积偏差	齿距偏差	齿距累积偏差
n	p_i	$p_m = \sum_{i=1}^{Z} p_i$	$f_{p_i} = p_i - K$	F_{p_i}
2	-1	-1	-1.5	-2.0
3	-2	-3	-2.5	-4.5
4	-1	-4	-1.5	-6.0
5	-2	-6	-2.5	(-8.5)
6	+3	-3	+2.5	-6.0
7	+2	-1	+1.5	-4.5
8	+3	+2	+2.5	-2.0
9	+2	+4	+1.5	-0.5
10	+4	+8	(+3.5)	(+3.0)
11	-1	+7	-1.5	+1.5
12	-1	+6	-1.5	0
			$f_{pt} = \pm \max(f_{p_i})$	$F_p = \lvert \max(F_{p_i}) - \min(F_{p_i}) \rvert$

2)用作图法处理测量数据

以横坐标代表齿序、纵坐标代表上表第三列的相对齿距累积偏差,绘出如图 4.9 所示的折线,连接直线首末两点,过折线的最高点和最低点作两条与该线平行的直线,这两条平行线沿纵坐标方向的距离即为周节累积误差($\Delta f_p = 11.5\ \mu m$)。

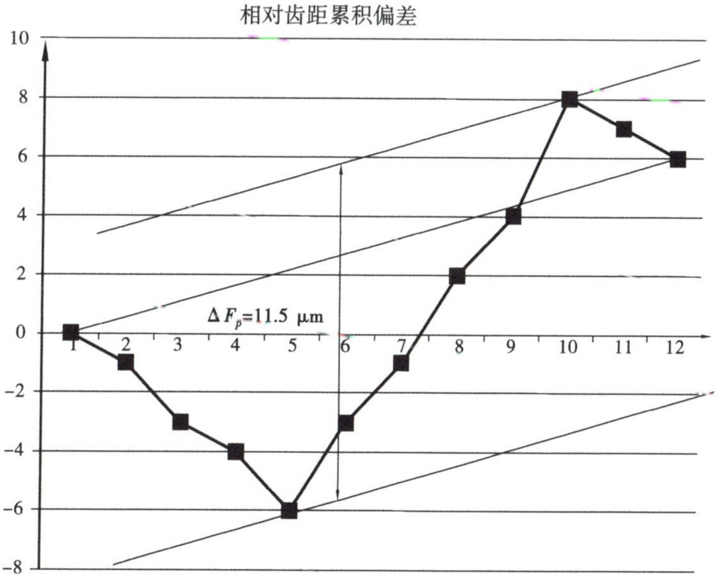

图 4.9　作图法处理测量数据

实验 5

先进机械精度检测技术

5.1 实验目的

①了解先进机械精度检测方法。

②掌握三坐标测量机测量的基本原理和系统组成。

③了解齿轮测量中心测量齿轮精度的方法。

④了解超景深三维显微系统观测工件表面形貌的方法。

5.2 实验设备

三坐标测量机、齿轮测量中心、超景深三维显微系统。

5.3 测量原理及仪器说明

5.3.1 三坐标测量机测量原理

(1)概述

三坐标测量机是20世纪60年代后期发展起来的一种技术集成化的高精度测量设备,目前被广泛应用于机械、电子、汽车、飞机等机械制造领域，它不仅被用于测量各种机械零件、模具等的形状尺寸、孔位、孔中心距以及各种形状的轮廓，还特别适用于测量带有复杂空间曲面的工件。三坐标测量机具有高准确度、高效率、测量范围大的优点，已成为几何量测量仪器的一个主要发展方向。

任何形状都是由空间点组成的，所有的几何测量都可以归纳为空间点的测量。因此，精确进行空间点坐标的采集，是评定任何几何形状的基础。三坐标测量机是基于坐标测量的通用化数字测量设备。它首先将各被测几何元素的测量转化为对这些几何元素上一些点集坐标位置的测量，精确地测出被测零件表面的点在空间3个坐标位置的数值后，再经过数学运算拟合形成测量元素，如圆、球、圆柱、圆锥、曲面等，最终输出被测零件的形状尺寸和形位公差。如图5.1所示，要测量工件上一圆柱孔的直径，可以在垂直于孔轴线的截面1内，触测内孔壁上3点（点1、2、3），则根据这3点的坐标值就可计算出孔的直径及圆心坐标01；如果在该截面内触测更多的点（点1，2，…，n，n为测点数），则可根据最小二乘法或最小条件法计算出该截面圆的圆度误差；如果对多个垂直于孔轴线的截面圆（Ⅰ，Ⅱ，…，m，m为测量的截面圆数）进行测量，则根据测得点的坐标值可计算出孔的圆柱度误差以及各截面圆的圆心坐标，再根据各圆心坐标值又可计算出孔轴线位置；如果再在孔端面A上触测3点，则可计算出孔轴线对端面的位置度误差。由此可见，三坐标测量机的这一工作原理使得其具有很大的通用性与柔性。从原理上说，它可以测量任何工件的任何几何元素的任何参数。

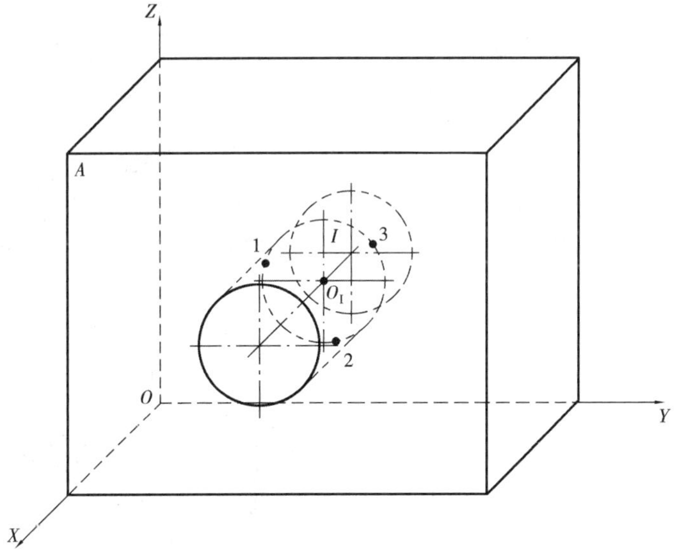

图5.1　三坐标测量原理

三坐标测量机由机械主体部分、测量探测系统、控制系统和相关的数据处理计算机软件系统构成，如图5.2所示。其中，三坐标测量机的主体部分包括了X轴的主滑架、Y轴的副滑架和Z轴，这些滑架的材料一般是由花岗岩制成的，强度大、稳定性好。测量系统则包括探测系统中的传感器(测头)和机械主体中的光栅系统两个关键部件。传感器(测头)一般会应用到计算机技术,实现智能化测量,从而确保了测量数据的精准度;光栅系统分为绝对光栅和增量光栅两种。控制系统和数据处理系统是与计算机技术紧密联系的,通过计算机技术对相关的数据和设备进行实时的控制,保证了数据监控的时效性。在数据处理过程中,通过计算机对数据进行科学的计算,并将得到的计算结果进行集中处理,再输出数据或进行入库归档,条理清晰、逻辑分明。

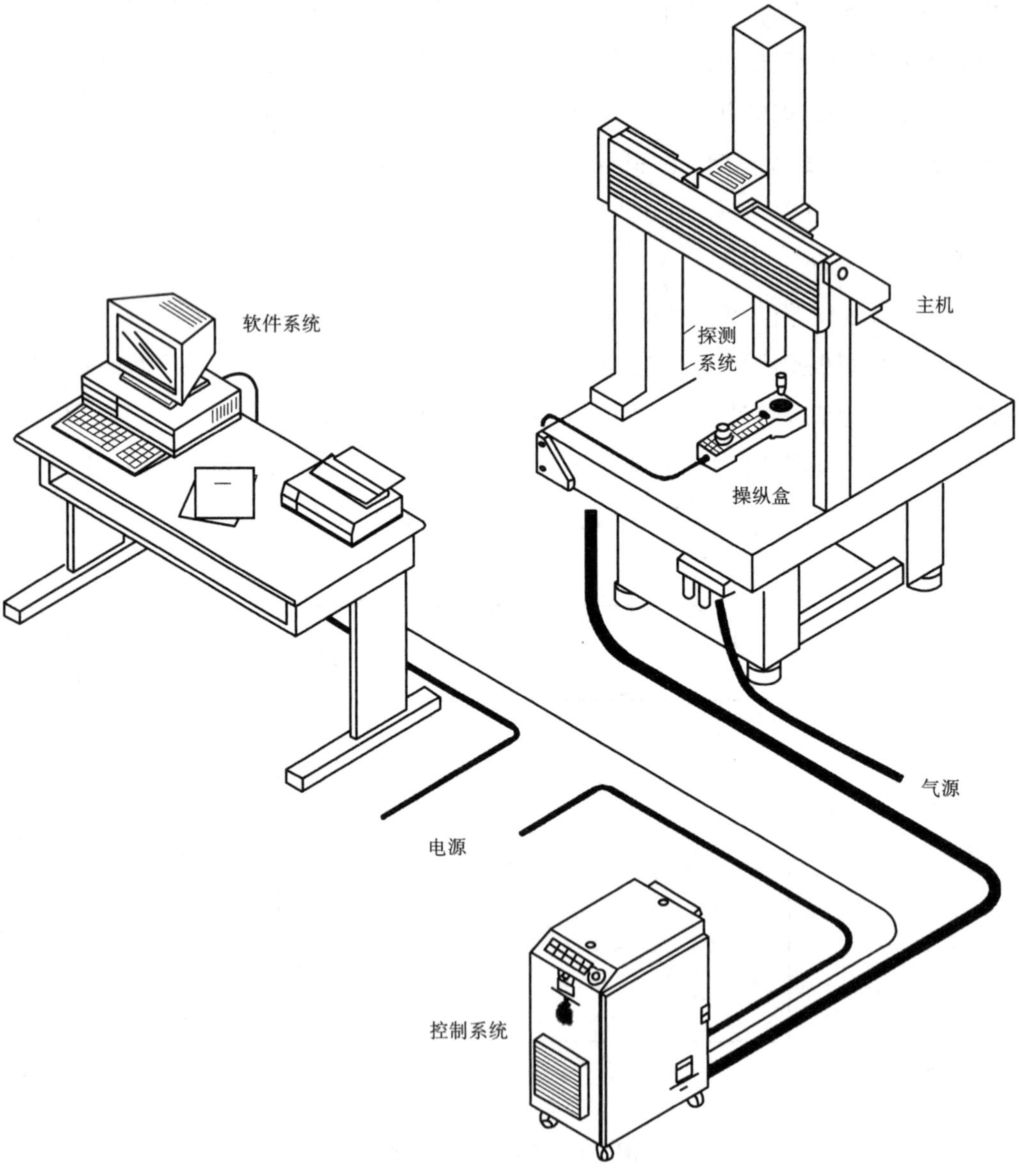

图 5.2　三坐标测量机组成结构图

(2)坐标测量技术与传统测量技术的对比

坐标测量机的特点是高精度(达到微米级)、高效率(数十、数百倍于传统测量手段)、通用性(可代替多种长度计量仪器),因而多用于产品测绘、复杂型面检测、工装夹具测量、研制过程中间测量,以及CNC机床或柔性生产线在线测量等方面。只要测量机的测头能够瞄准(或感受)到的地方(接触法与非接触法均可),就可测出它们的几何尺寸和相互位置关系,并借助于计算机完成数据处理。这种三维测量方法具有很大的通用性和柔性,可以测量任何工件的任何几何元素的任何参数,同时可方便地进行数据处理与过程控制。因而不仅在精密检测和产品质量控制上扮演着重要角色,同时在设计和生产过程控制、模具制造方面发挥着越来越重要的作用,并在汽车工业、航空航天、国防军工、机床工具、电子和模具等领域得到广泛应用。坐标测量技术与传统测量技术的对比见表5.1。

表5.1　坐标测量技术与传统测量技术的对比

	传统测量技术	坐标测量技术
人工参与程度	对工件要进行人工的、精确的、及时的调整	不需要对工件进行特殊调整
测量任务通用性	专用测量仪和多工位测量很难适应测量任务的改变	简单地调用所对应的软件完成测量任务
对比对象复杂性	与实体标准或运动标准进行测量比较	与数字模型进行测量比较
测量项目的适配性	尺寸、形状和位置测量在不同的仪器上进行	尺寸、形状和位置的评定在一次安装中即可完成
测量数据的完整性	不相干的测量数据	产生完整的数字信息,完成报告输出
数据记录自动化程度	手工记录测量数据	统计分析和CAD设计

(3)**三坐标测量机结构**

目前主流的中小型三坐标主要为两种结构形式:移动桥式和固定桥式。

1)移动桥式

移动桥式常用于中小尺寸生产型结构。

如图5.3所示,移动桥式结构三坐标测量机的主体部分包括了X轴的主滑架、Y轴的副滑架和Z轴,这些滑架的材料一般是由轻质的铝合金制成的,质量小、动态性能好,因此测量效率高,精度虽然一般(通常不低于0.9 μm),但配合全自动的光栅及工件温度补偿技术,可满足普通生产需要。

如图5.4所示,三坐标测量机是海克斯康生产的移动桥式三坐标测量机Global型号,采用全铝合金框架、精密三角梁、气浮轴承技术、高分辨率镀金光栅、机身温度补偿技术、伺服驱动技术、减震技术等,具备较高的测量精度和稳定性。

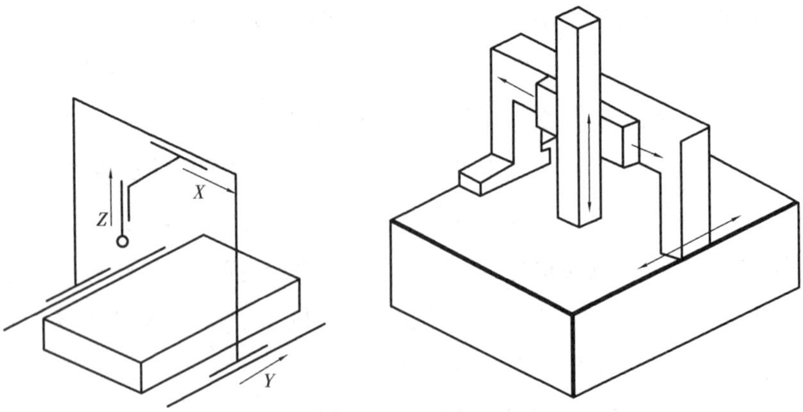

图 5.3　三坐标测量机移动桥式结构原理示意图

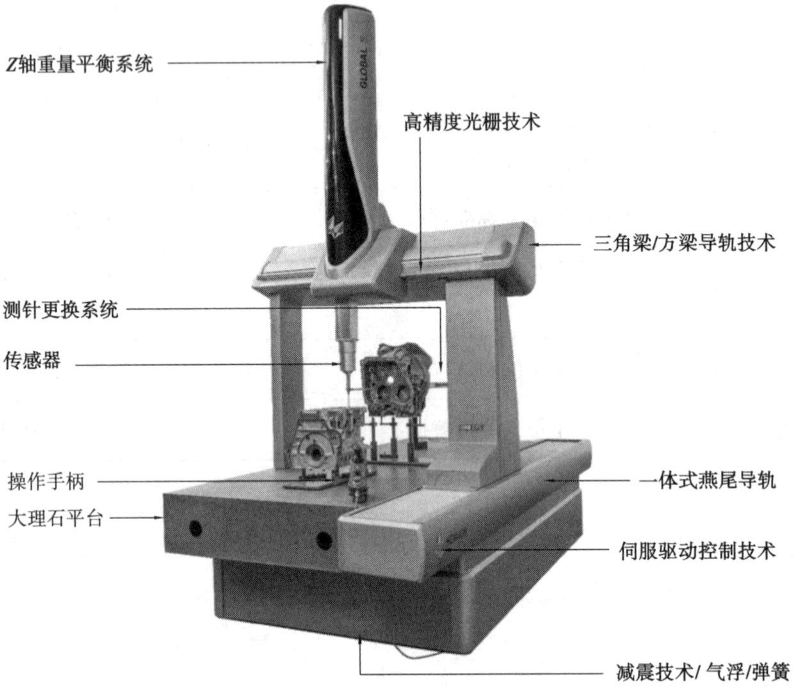

图 5.4　移动桥式三坐标测量机

2)固定桥式

固定桥式常用于中小尺寸高精度需要的结构。

如图 5.5 所示,固定桥式结构采用了符合阿贝误差原则的中心驱动方式结构,设计结构左右对称,3 个轴都采用惰性材料花岗岩或陶瓷,可保证长期使用的稳定性;运行时整个横梁固定不移动,由滑架和平台进行移动,因此,移动部件少,质心低,系统精度损失小;传动部分采用精密滚珠丝杠传动,效率高,到位精度极高,寿命极长;机身开敞性好,测量输出精度极高。通常,我国计量检测机构都采用固定桥式测量机,用此机型作为量值传递的标准(测量精度可达0.25 μm)，为全球顶级的精度机型。

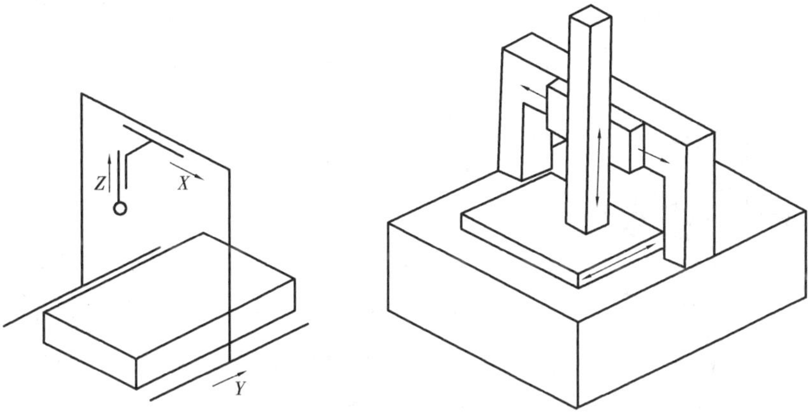

图5.5　三坐标测量机固定桥式结构原理示意图

如图5.6所示的三坐标测量机是海克斯康生产的Global S 09.15.08多功能高精度三坐标测量机，采用复合阿贝误差原则的中心驱动方式，设计结构左右对称，可保证长期使用的稳定性；使用精密滚珠丝杠传动，效率高，到位精度高；机身开敞性好，测量精度高，扩展性能好，不仅可以用于锥齿轮、准双曲面齿轮、圆弧齿轮、渐开线齿轮、非圆锥齿轮、变传动比面齿轮等多种齿轮齿形和齿面的精密测量，还可以用于箱体、机架、齿轮、凸轮、蜗轮、蜗杆、叶片、叶轮叶盘、曲线、曲面等的精密测量。

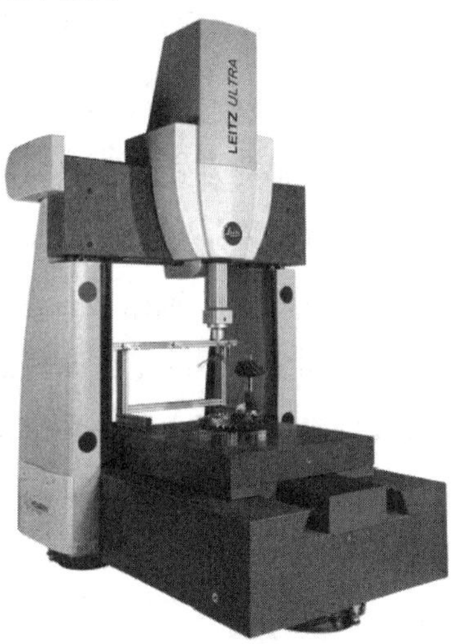

图5.6　多功能高精度中央驱动式三坐标测量机

(4)**探测系统**

在三坐标测量机领域中，探测系统往往被称为测头，是测量机的"心脏"，其灵敏度和重复性直接决定了整个坐标测量系统的精度。测头是测量机探测时发送信号的装置，它可以输出开关信号，也可以输出与探针偏转角度成正比的比例信号。它是坐标测量机的关键部件，测头精度的高低很大程度决定了测量机的测量重复性及精度，不同零件需要选择不同功能的测头进行测量。

1)接触式测量测头

①单点触发式测头。

测头接触待测工件表面时，测头的探头部分会发生偏斜，若此时仅发出瞄准信号，则此测头称为单点触发式测头，其结构简图如图5.7所示。

由图5.7可知，在单点触发式测头内部均匀分布的3个圆柱体的末端存在3对接触副，当弹簧朝下挤压时，3对接触副与圆柱体自动接触，构成1个闭合的有源电路。此电路与某一

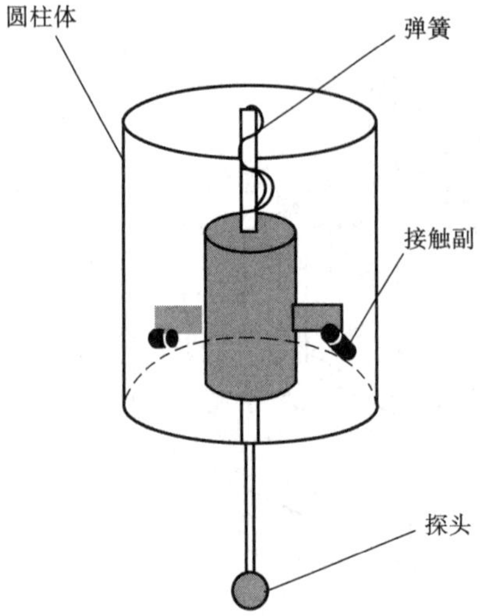

图 5.7　单点触发式测头的结构简图

触发装置相连，当满足触发条件时，造成电路发生变化进而发出开关信号。该测头的工作原理：一旦测头的探头接触到待测工件的表面，探杆会因为产生的触发力而发生弯曲变形，当触发力达到设定的阈值时，即满足触发条件。此时，3 对接触副至少有 1 对会自动脱落，从而使电路断开并发出声光信号。当探头离开工件表面时，触发力也随之归零，整个结构恢复到初始状态。对工件的测量工作完成后，探头按照预先规定的退回路线回到设定好的位置，并在此待命等待下一次的测量工作。测头发出声光信号的作用是控制光栅系统记录并存储所测量的坐标数据值。测量数据会通过通信装置被传送到计算机，最终通过测量软件计算出所测工件的几何量。

②连续扫描触发式测头。

连续扫描触发式测头也称模拟测头，其工作原理与触发式测头不同，如图 5.8 所示，模拟测头内部 X、Y、Z 3 个轴向均有直线性差动变压器传感器，用于伸出测点时输出对应的模拟信号。直线差动变压器的工作原理如图 5.9 所示，在初级圈内通 8 V、18 kHz 的交流电，两个次级线圈反向串联。当磁芯在平衡位置时，次级线圈两端输出电压为零；当磁芯在两个次级线圈内移动时，在次级线圈内感应了不同的电压，在移动距离和输出电压之间有相应的比例关系及正负号。

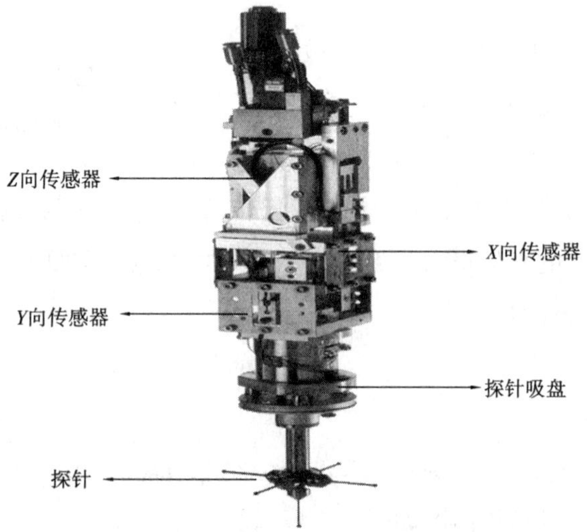

图 5.8　连续扫描触发式测头的结构简图

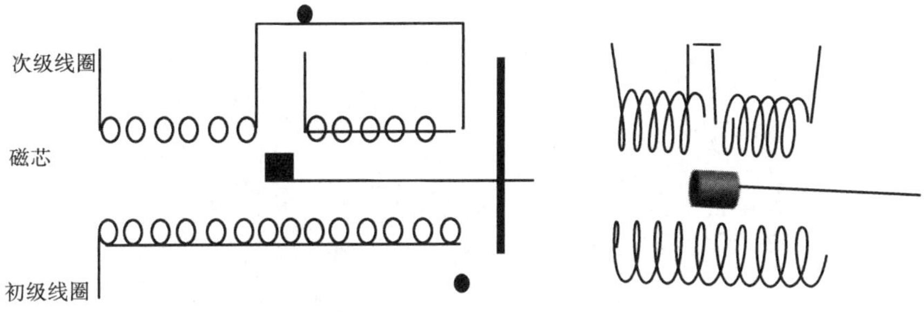

图5.9　直线差动变压器的工作原理

图5.10是行业内知名的海克斯康模拟测头,它采用了三维动态采点技术,单点触测速度是普通测头2~4倍,扫描采点速率可达1 000点/s,其探测方向始终为工件表面法向方向,无余弦误差。

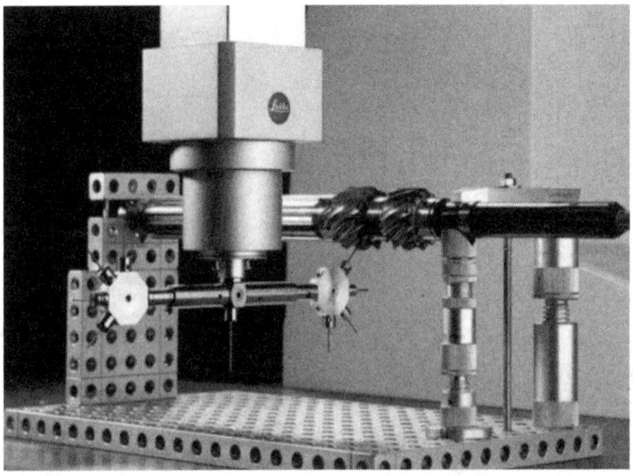

图5.10　海克斯康模拟测头

2)激光调频干涉测头

激光干涉传感器干涉光纤测量利用了光的波长特性来进行测量。一束光被分光镜分成两束。其中一束被反射到参考面上,另一束则投射到被测物体表面。两束光的叠加形成干涉,此项技术常用于双频激光干涉仪来进行几何量测量,但是激光干涉仪主要进行绝对长度的计量(如机床校准等),无法用于零部件的检测,使用激光干涉原理的光纤传感器则很好地将激光干涉技术应用于零部件检测。

图5.11为使用激光调频干涉测头测量叶片示意图,图5.12为使用激光调频干涉测头测量齿轮齿顶、齿根、左齿面和右齿面不同部位的示意图。

3)基于结构光的扫描测头

基于结构光的三维成像,实际上是三维参数的测量与重现,主要是区别于纯粹的如双目立体视觉之类的被动三维测量技术,因而被称为主动三维测量。因为它需要主动去投射结构光到被测物体上,通过结构光的变形(或者飞行时间等)来确定被测物的尺寸参数,因此称为主动三维测量。

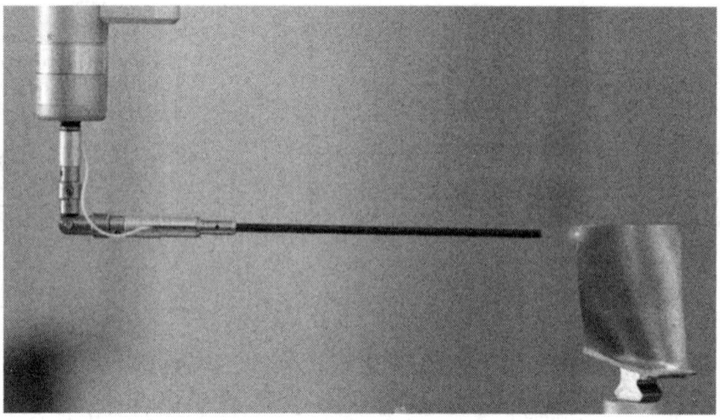

图 5.11　激光调频干涉测头测量叶片示意图

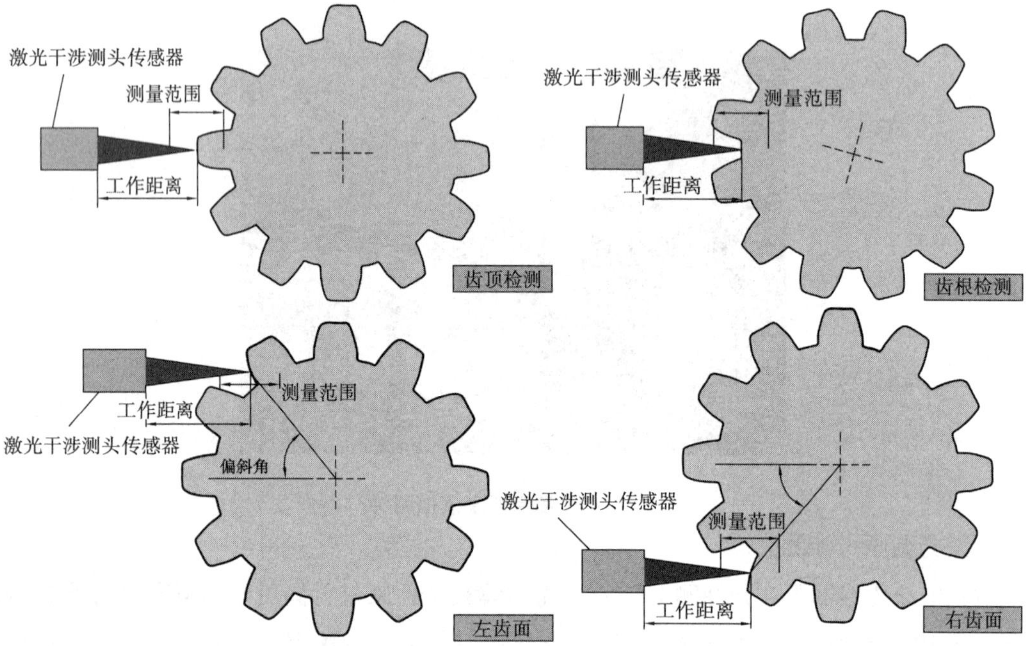

图 5.12　激光调频干涉测头测量齿轮示意图

条纹投影技术实际上属于广义上的面结构光。其主要原理如图 5.13 所示，即通过计算机编程产生正弦条纹，将该正弦条纹通过投影设备投影至被测物，利用 CCD(Charge Coupled Device)相机拍摄条纹受物体调制的弯曲程度，解调该弯曲条纹得到相位，再将相位转化为全场的高度。其中至关重要的一点就是系统的标定，包括系统几何参数的标定和 CCD 相机以及投影设备的内部参数标定，否则很可能产生误差或者误差耦合。因为系统外部参数不标定，则不可能由相位计算出正确的高度信息。

结构光三维成像的硬件主要由相机和投射器组成，结构光就是通过投射器投射到被测物体表面的主动结构信息，如激光条纹、格雷码、正弦条纹等；然后，通过单个或多个相机拍摄被测表面即得结构光图像；最后，基于三角测量原理经过图像三维解析计算从而实现三维重建。

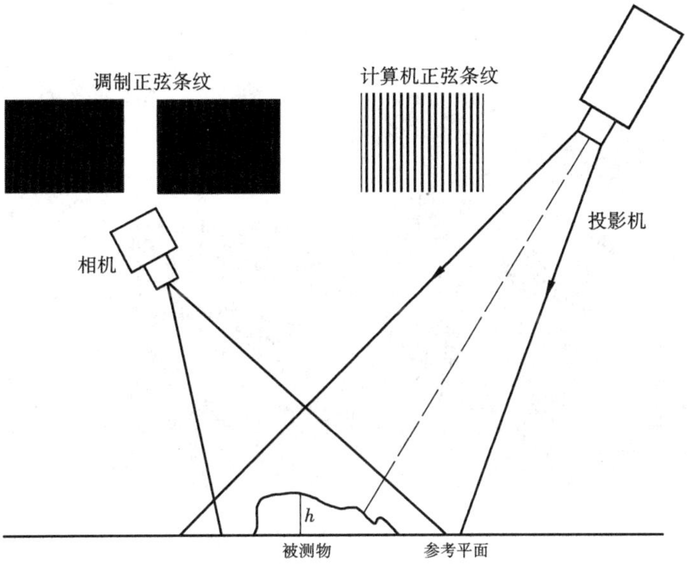

图5.13　条纹投影技术原理

结构光光源有白光和蓝光两种。白光测量机采用的白光源为连续光谱,包含了整个可见光谱区域的光谱成分(即多色光),光波长度范围为380~760 nm,较激光单色光源宽,不易受工件表面质量的干扰,且体积较激光光源小,具有较强的灵活性及更好的稳定性。白光测量机采用三角测量原理,它利用了光源、像点和物点之间的三角关系来求得物点的间隔。光源向物体发射一个光点,光点到达物体后经过反射在传感器上得到一个像点。光源、物点和像点形成了一定的三角关系,其中光源和传感器上的像点的位置是已知的,由此可以计算得出物点的位置所在。

蓝光测头是一种相对于传统白光三维扫描仪而言选用蓝色光源的一种结构光扫描传感器,也常被称为蓝光摄影式三维扫描仪。与白光拍照式三维扫描仪不同的是,蓝光作为单一色彩的光源,其波长为380~450 nm,而波长为380~410 nm的蓝光又被称为高能蓝光。因为蓝光具有波长短、能量高的物理性质,所以它作为拍照式三维扫描仪的光源,具有许多优势,其最大的优势就是具有较高且优于白光的抗干扰性能,能够耐受周围杂乱的环境光,使其能在杂乱的环境中正常使用。因为相机的传感器容易遭到外界不可见光的干扰,而蓝光拍照式三维扫描仪自身装备的滤光片能够很好地处理这一问题,恰恰弥补了白光扫描仪的缺陷。图5.14为典型三维蓝光测头示意图。

(5)**三坐标软件系统**

鉴于几何物体都是一些空间点的集合,坐标测量机归根到底只是获取空间点的坐标值的仪器设备。一方面,只有用软件对这些点集进行处理、计算,才能给出测量对象的位置、尺寸、形状,而且也可以进行测头、温度、几何量误差的补偿;另一方面,通过软件还可以与控制系统结合在一起,指挥和控制测量机的运行。

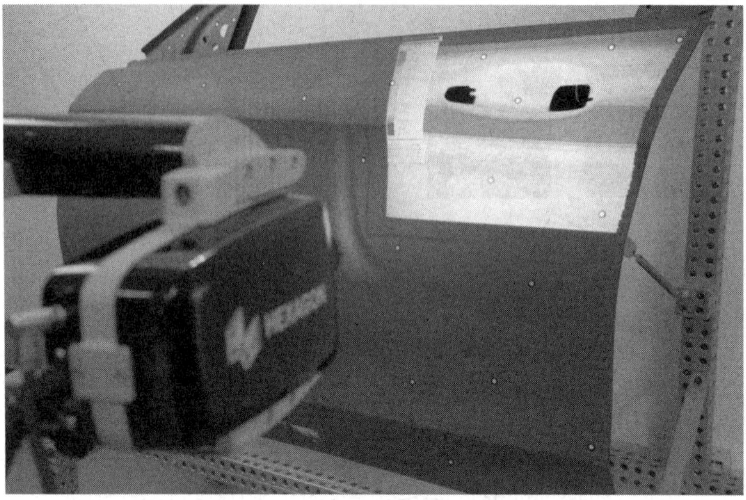

图 5.14　三维蓝光测头示意图

海克斯康测量技术(青岛)有限公司通过开发并制造高性能、多品种的计量产品和方案,实现了几何量数据的采集,PC-DMIS(图 5.15)三维 CAD 测量技术的应用,大大提升了检测操作的直观性和测量编程的效率,并开发应用于高精度复杂形状测量方面的专业计量软件 Quindos(图 5.16),使三坐标测量机在具备基本几何元素测量的同时,还开发了针对复杂曲线曲面测量和多种专业零件(例如圆柱齿轮、直伞齿、螺旋伞齿轮、滚刀、剃齿刀、拉刀、插齿刀、圆柱蜗杆、蜗轮、球状蜗杆、叶片、叶轮、整体叶盘、螺纹/API 螺纹、凸轮轴、活塞、导管阀座、磨损测量、压缩机螺杆、共轭凸轮、步进齿轮等)软件模块(图 5.17)。

图 5.15　PC-DMIS 三坐标测量软件

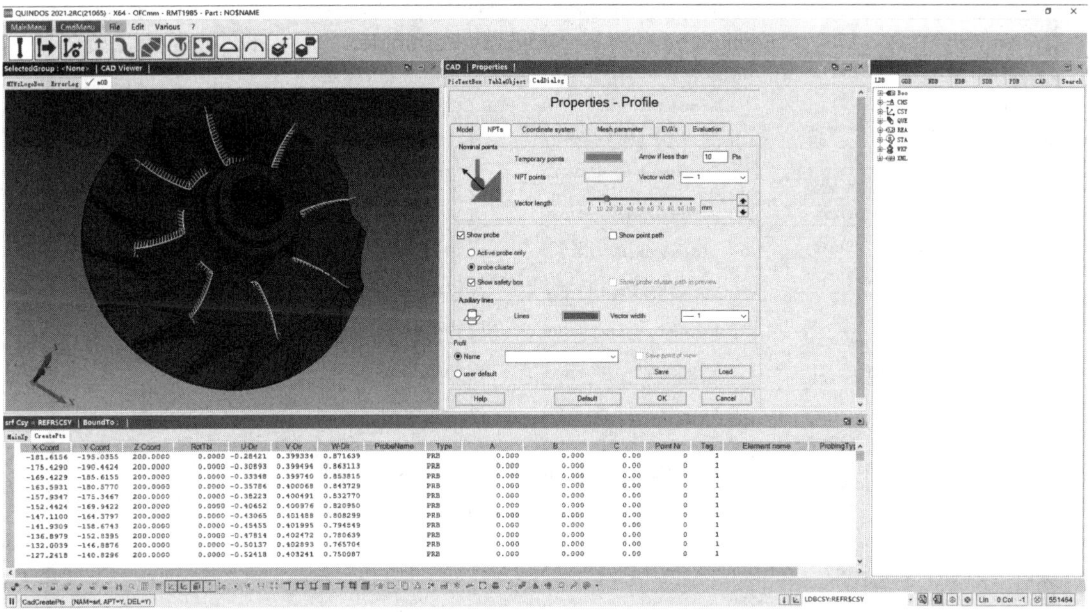

图 5.16　Quindos 专业计量软件

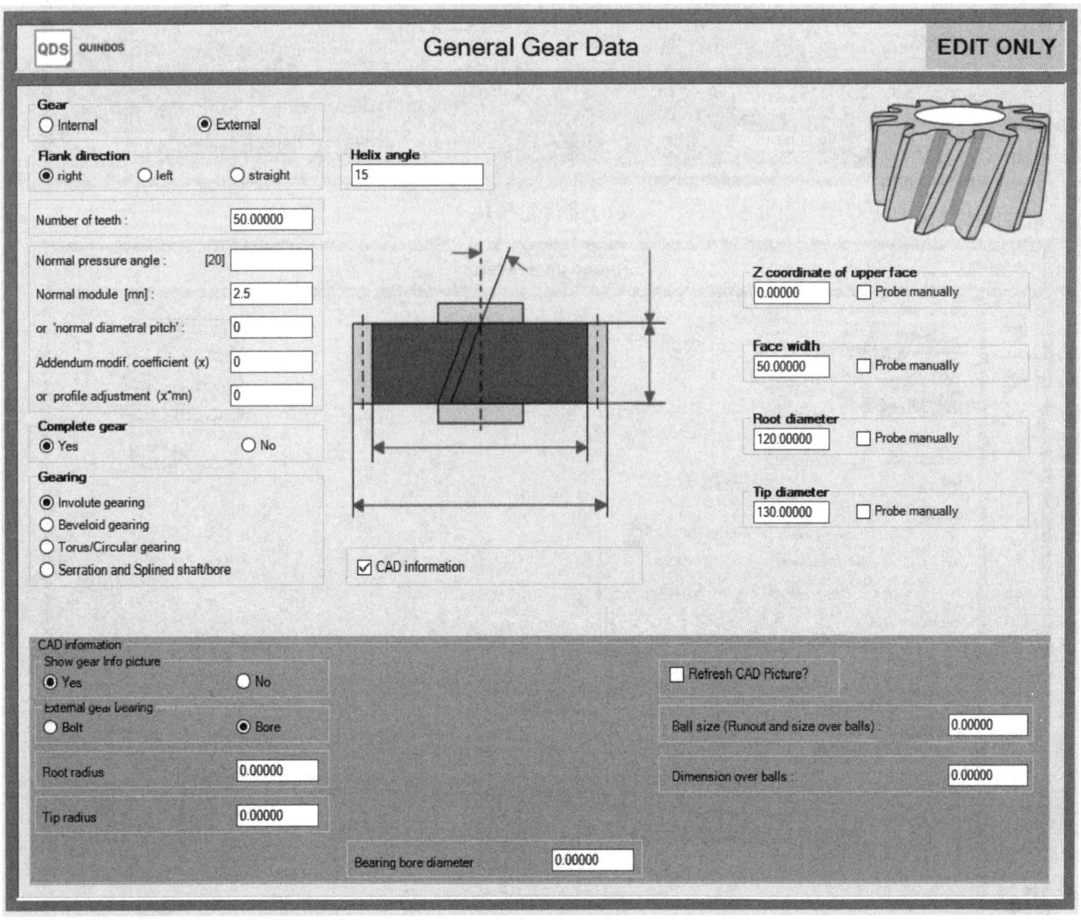

(a)圆柱齿轮模块

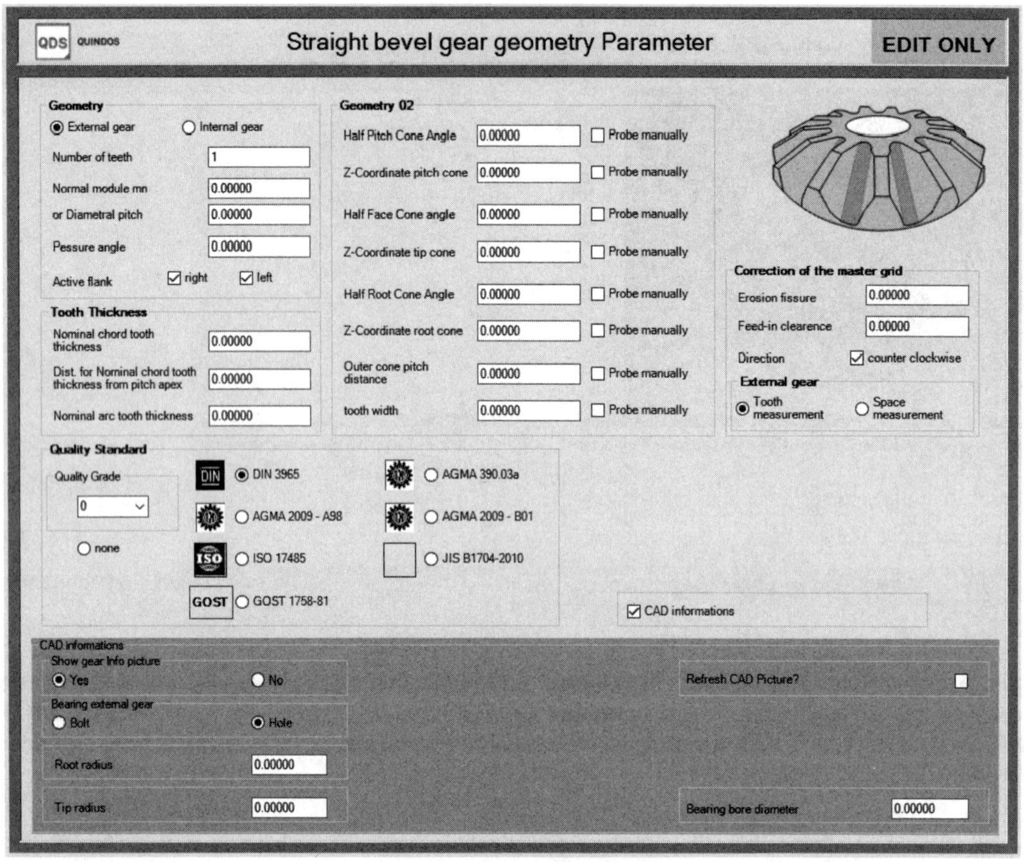

(b)锥齿轮模块

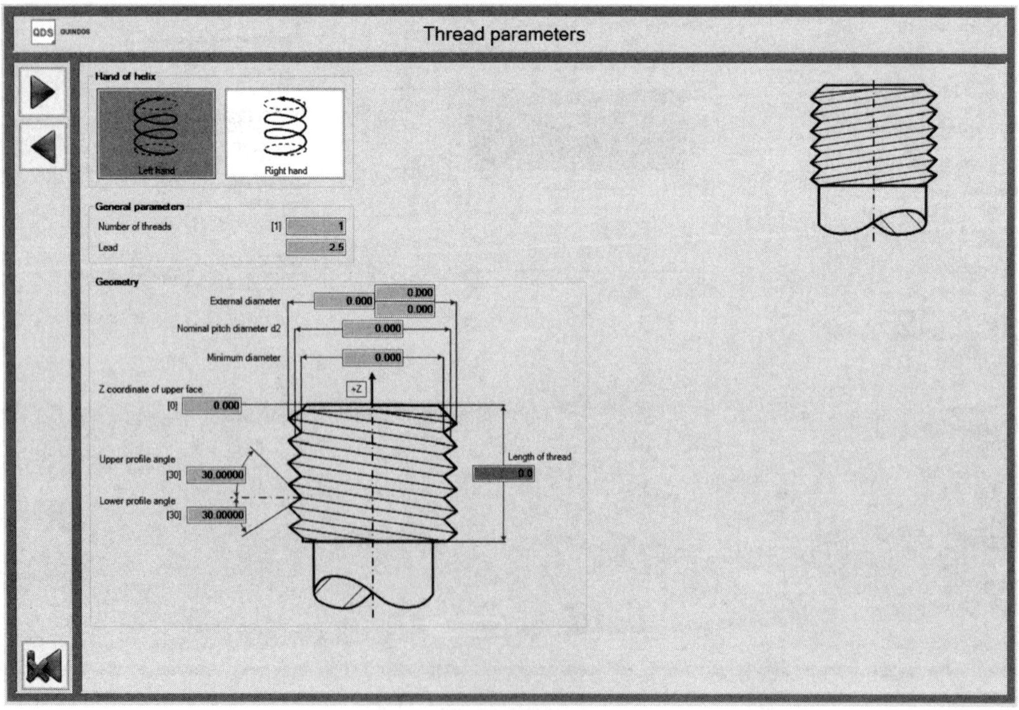

(c)螺纹模块

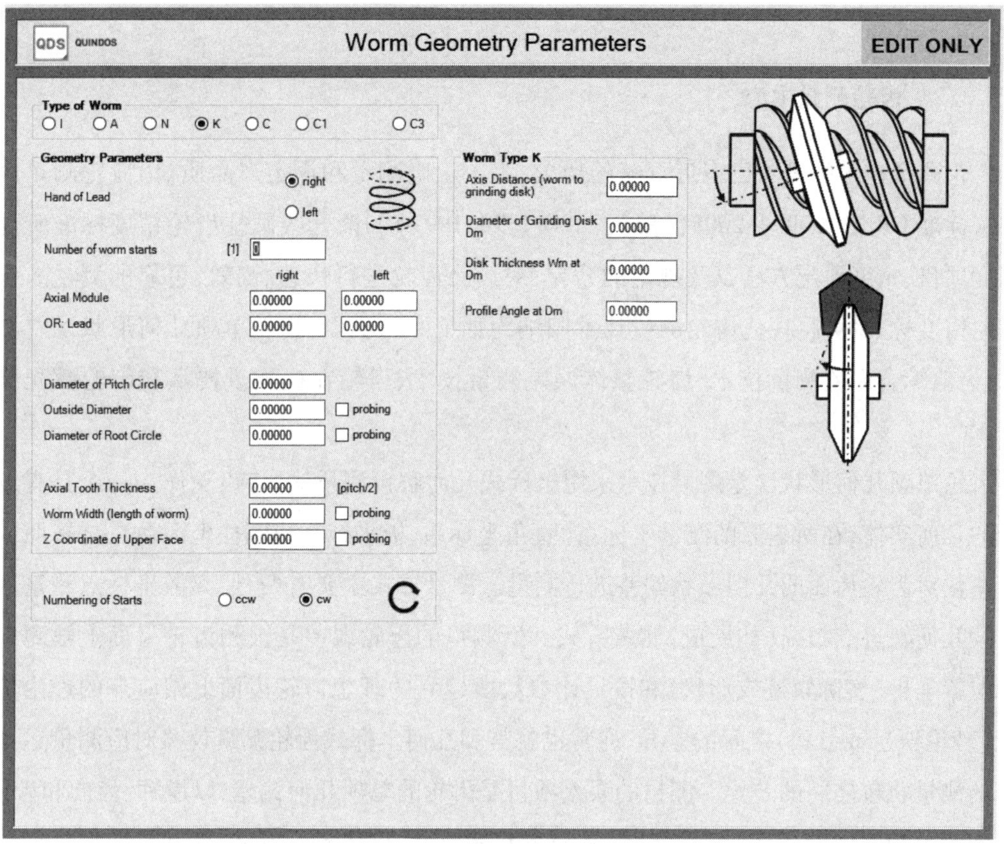

(d)蜗轮蜗杆模块

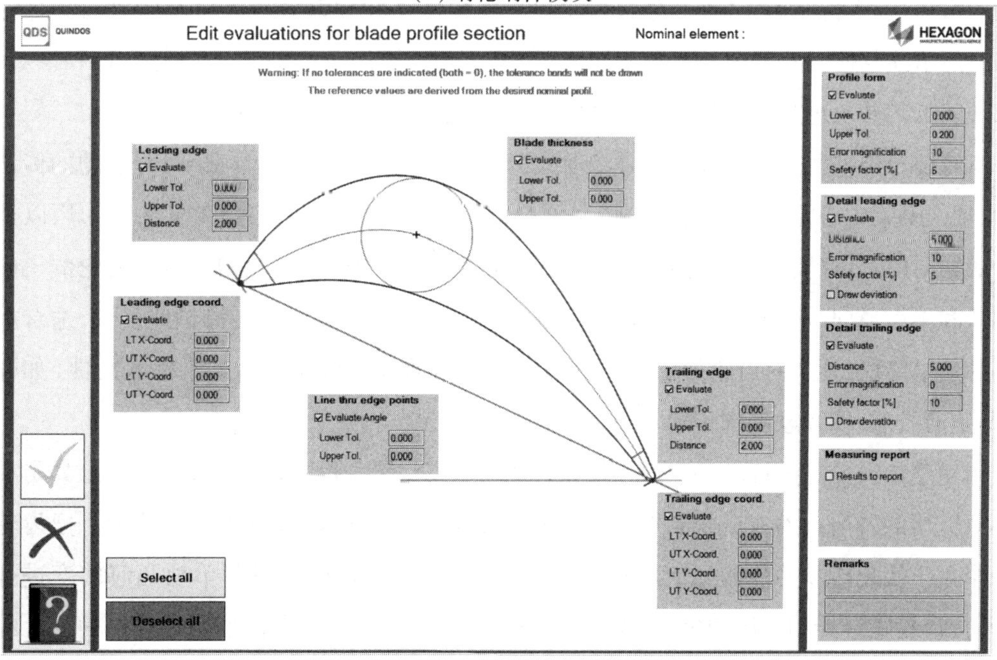

(e)叶片模块

图 5.17　专业零部件测量模块

5.3.2 齿轮测量中心

齿轮测量技术的发展已有近百年的历史,为了正确测量和评定产品质量,齿轮测量应按照国家标准 GB/T 10095—2008(等同于 ISO 1328:1997)的渐开线圆柱齿轮精度标准所规定的精度项目、精度评定方法以及规定的公差,对产品齿轮进行快速、高效、可靠的测量。对应于齿轮精度标准,可将现代齿轮测量技术归纳为如下 5 种类型:齿轮单项几何形状误差测量技术、齿轮综合误差测量技术、齿轮整体误差测量技术、齿轮在机测量技术和齿轮激光测量技术。

齿轮单项几何形状误差测量技术采用坐标式几何解析测量法,将齿轮作为一个具有复杂形状的几何实体,在所建立的测量坐标系(直角坐标系、极坐标系或圆柱坐标系)上,按照设计几何参数对齿轮齿面的几何形状偏差进行测量。测量方式主要有两种:离散坐标点测量方式和连续几何轨迹点扫描(如展成)测量方式。所测得的齿轮误差是被测齿轮齿面上被测点的实际位置坐标(实际轨迹或形状)和按设计参数所建立的理想齿轮齿面上相应点的理论位置坐标(理论轨迹或形状)之间的差异,通常也就是和几何坐标式齿轮测量仪器对应测量运动所形成的测量轨迹之间的差异。测量的误差项目是齿轮的单项几何偏差,以齿廓、齿向和齿距 3 项基本偏差为主。由于坐标测量技术、传感器技术、计算机技术的发展,尤其是数据处理软件功能的增强,三维齿面形貌偏差、分解齿轮单项几何偏差和频谱分析等误差项目的测量得到了推广。单项几何偏差测量的优点是便于对齿轮(尤其是首件)加工质量进行分析和诊断、对机床加工工艺参数进行再调整,仪器可借助于样板进行校正,实现基准的传递。

齿轮综合误差测量技术采用啮合滚动式综合测量法,把齿轮作为一个回转运动的传动元件,在理论安装中心距下和测量齿轮啮合滚动,测量其综合偏差。综合测量又分为用以检测齿轮的切向综合偏差和单齿切向综合偏差的齿轮单面啮合测量,以及用以检测齿轮的径向综合偏差和单齿径向综合偏差的齿轮双面啮合测量。综合测量的优点是测量速度快,适合批量产品的质量终检,便于对齿轮加工工艺过程进行及时监控。仪器可借助于标准元件(如标准齿轮)进行校验,实现基准的传递。

齿轮整体误差测量技术基于的齿轮整体误差理论,是由我国机床工具行业,尤其是成都工具研究所的科研技术人员共同努力创建和不断完善的一种新型齿轮测量理论。把齿轮作为一个用于实现传动功能的几何实体,或采用坐标式几何解析法对其单项几何精度进行测量,并按齿轮啮合传动顺序和位置,集成为一条“静态”齿轮整体误差曲线;或按单面啮合综合测量方式,使用特殊测量齿轮,采用滚动点扫描测量法对其进行测量,得到齿轮“运动”整体误差曲线。上述两种齿轮整体误差曲线,经过运算和数据处理,都可以得到齿轮综合运动偏差、各单项几何偏差、三维齿面形貌偏差，以及接触区状态，从而能更全面、准确地评定齿轮质量和齿轮加工工艺。齿轮整体误差测量技术是对传统齿轮测量技术的继承和发展。尤其是采用单面啮合、滚动点扫描测量的齿轮整体误差测量技术更具有测量信息丰富、测量速度快、测量精度更接近使用状态的特点，特别适合批量产品齿轮精度的检测与质量的控制。在汽车齿轮要求 100% 全部检测的态势下，由我国首先开发出来的齿轮整体误差测量技术得到了重视和推广。成都工具研究所开发的锥齿轮整体误差测量技术曾于 20 世纪 90 年代转让给德国 KLINGELNBERG 公司。德国 FRENCO 公司推向市场的齿轮单面啮合滚动点扫描测量仪器，采用了完全类同的技术。

齿轮在机测量技术是直接将齿轮测量装置集成于齿轮加工机床，齿轮试切或加工后不用拆卸，立即在机床上进行在机测量，根据测量结果对机床（或滚轮）参数及时调整修正（主要针对磨齿），这是一个重要发展趋势。对成形磨齿加工和大齿轮磨齿加工而言，在提高生产效率、降低成本方面具有重要意义。德国 KAPP 厂的数控磨齿机就是一个典型代表。CNC（计算机数控）齿轮加工机床的迅速发展，为推动齿轮在机测量技术的应用和发展提供了可靠的工作平台。

齿轮激光测量技术通常是指在齿轮的几何尺寸和形状位置精度的测量中，采用了激光技术，包括采用激光测长系统（如采用双频激光干涉仪作为齿轮测量仪器的长度基准或传感器）、激光测量头系统（如采用非接触点反射式激光测量头作为齿轮误差的检测传感器），以及激光全息式齿轮测量系统（如采用激光全息技术对齿轮的齿面几何形状误差进行测量的系统）等。由于激光是长度溯源基准，不少高精度齿轮计量系统或齿轮测量基准仪器，都采用激光测量系统作为其长度坐标测量系统。

齿轮测量中心是可以测量各种形状的直齿/斜齿圆柱齿轮的专用测量设备，还能测量齿轮滚刀、插齿刀、剃齿刀等齿轮刀具，以及蜗杆、蜗轮、凸轮轴等复杂型面的回转体零件。国外齿轮测量中心厂商大多还开发了适用于不同制式锥齿轮的测量软件和锥齿轮加工机床的参数修正软件，这有益于加快锥齿轮的首件试切。从 20 世纪 80 年代开始，齿轮测量中心的开发受到众多齿轮测量仪器制造商的重视；90 年代逐步形成了系列化产品推向市场。CNC 齿轮测量中心是信息技术、计算机技术和数控技术在齿轮测量仪器上集成应用的结晶，是坐标式齿轮测量仪器发展中的一个里程碑。该仪器实质上是含有一个回转角坐标的四坐标测量机——圆柱坐标测量机，主要用于齿轮单项几何精度的检测，也可用于（静态）齿轮整体误差的测量。

德国克林贝格 P 系列齿轮测量中心的仪器精度达到德国标准 1 级，其特点是采用了三维数字式高精度光栅测量头（使用了 HEINDENHAIN 的超高精度光栅）；拥有性能稳定的优质铸铁床身，高性能直线电机驱动系统，高精度滚珠轴系和密珠滚动导轨。

图 5.18 为重庆大学机械传动国家重点实验室配置的克林贝格 P26 齿轮测量中心，该设备测量主机采用 X、Y、Z、ϕ 四坐标测量系统，德国进口长光栅、圆光栅传感器；密珠滚动导轨，刚性好、测量精度高、示值稳定。在被测齿轮一次装夹中，通过输入齿轮设计参数，自动完成齿轮齿廓、螺旋线、齿距、径跳测量等项目的检测，配置的测量软件不仅可测量齿轮的齿廓偏差（F_{α}、ff_{α}、fH_{α}）、螺旋线偏差（F_{β}、ff_{β}、fH_{β}）、齿距偏差（F_{p}、f_{pk}、f_{pt}）、径向跳动（Fr）等，并且还可测量滚刀、插齿刀、剃齿刀、径向剃齿刀、蜗轮、蜗杆、直齿锥齿轮、斜齿锥齿轮、凸轮等工件的相应参数。

图 5.18　克林贝格 P26 齿轮测量中心及配套软件

使用克林贝格 P26 齿轮测量中心圆柱齿轮测量软件，可以完成实验四直齿圆柱齿轮的精度测量。如图 5.19 所示，输入实验 4 测量获得的齿轮模数、齿数、变位系数等齿轮参数，并选择齿轮需要测量的项目，如左右齿面的齿形齿向误差、周节误差、齿轮齿圈径向跳动误差、齿厚误差等。随后设置公差评价参数以及测量运行参数等，就可以直接获得齿轮的精度测量数据，如图 5.20 所示。

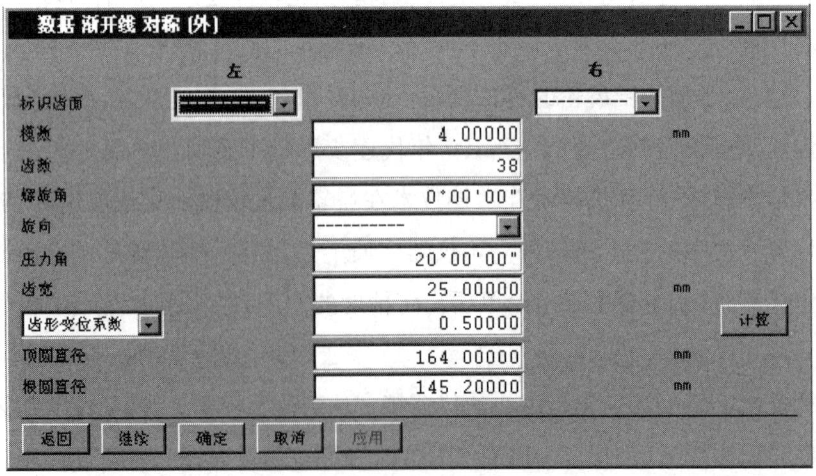

（a）齿轮参数设置界面

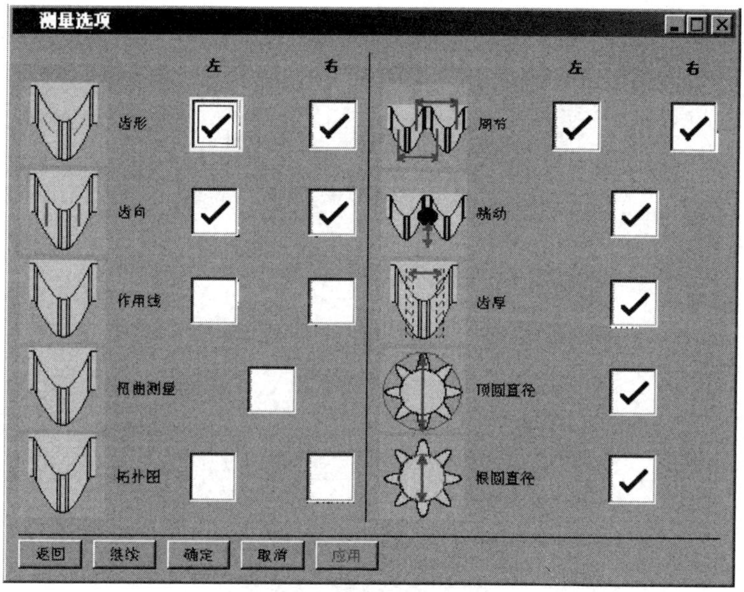

(b)齿轮测量选项设置界面

图 5.19　圆柱齿轮测量界面

使用克林贝格 P26 齿轮测量中心 SHAFT 轴测量软件，可以完成实验二水泵轴轮的形位公差测量。如图 5.21 所示，在 SHAFT 轴测量软件中绘制水泵轴零件图，并设置需要测量的各个要素，如在 A 轴段需要完成 3 个圆截面的扫描测量，在 B 轴段需要完成 1 个截面圆和圆柱的扫描测量，在 AB 轴段中间的过渡轴段 3 条素线的扫描测量，在右侧轴段由于键槽的存在需要完成一个截面弧线段的扫描测量，对设置的测量要素添加形位公差评价设置如图 5.22 所示，设置完成后可以执行自动测量程序，完成水泵轴的形位公差测量，测量结果如图 5.23 所示。

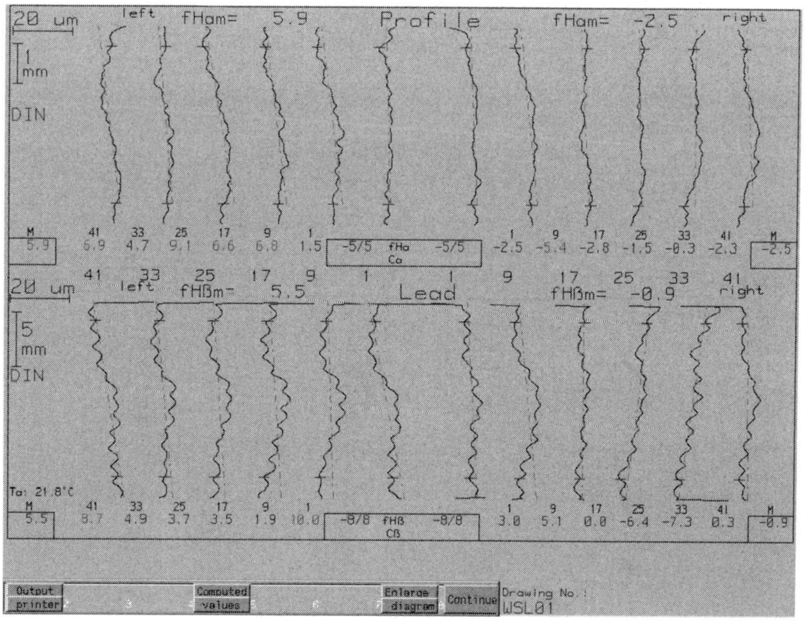

(a)齿轮齿形齿向误差测量结果

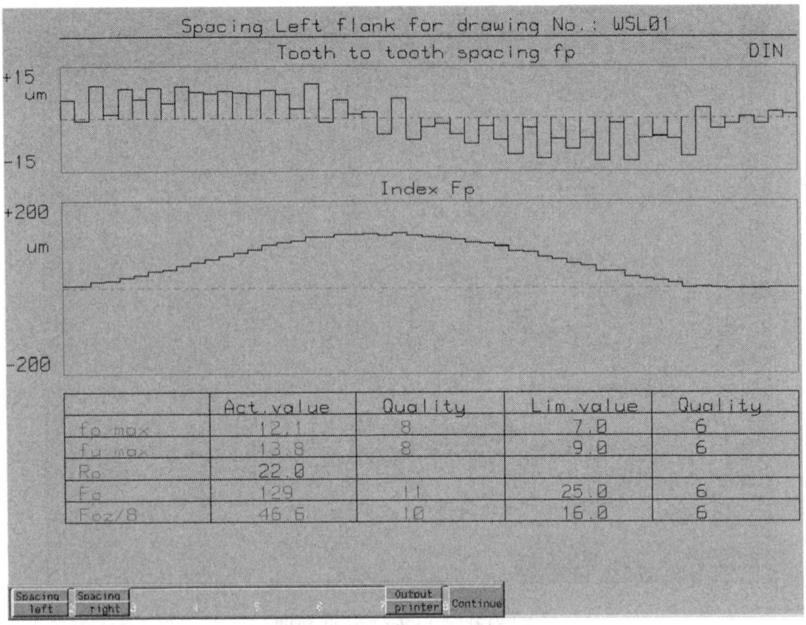

(b)齿轮径向跳动误差测量结果

图 5.20　圆柱齿轮测量结果

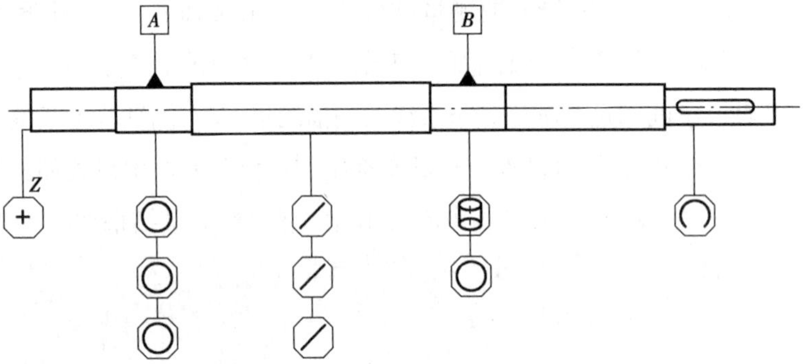

图 5.21　水泵轴测量要素设置

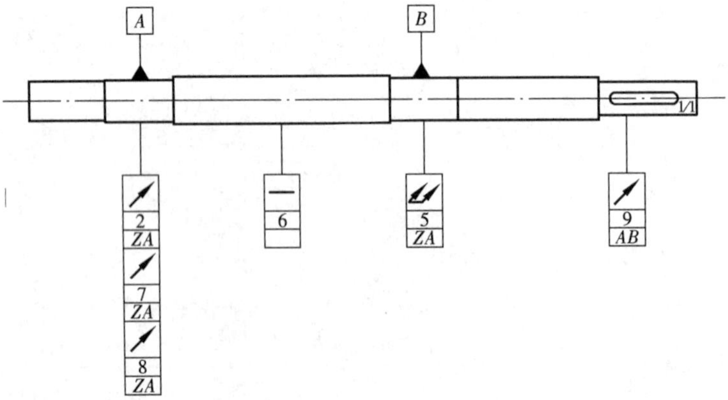

图 5.22　水泵轴形位公差设置

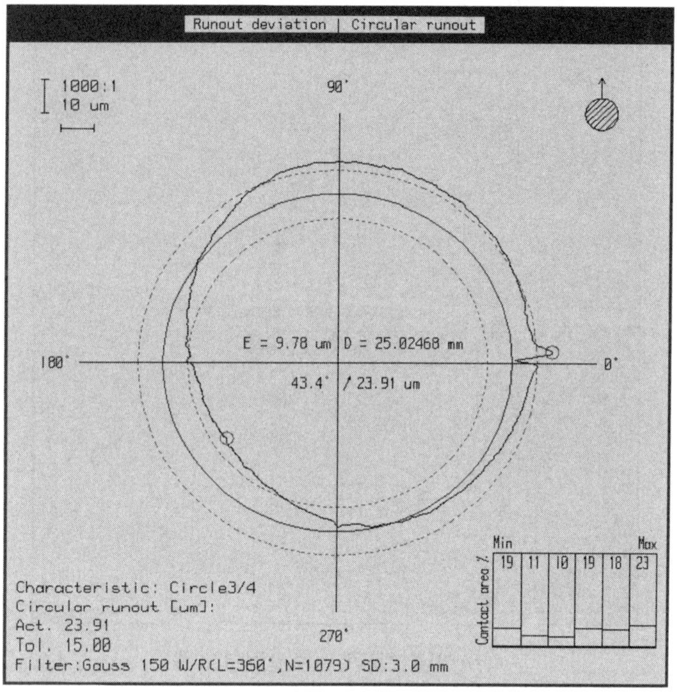

(a)圆跳动误差测量结果

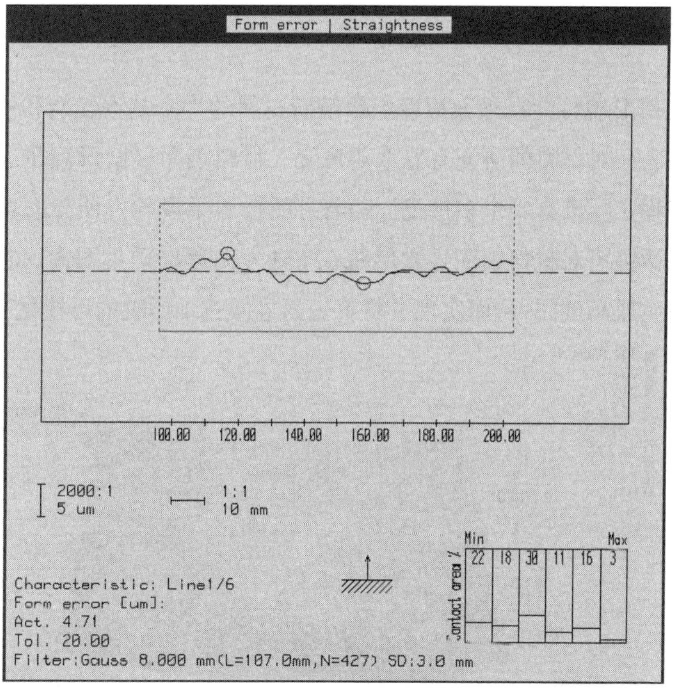

(b)直线度误差测量结果

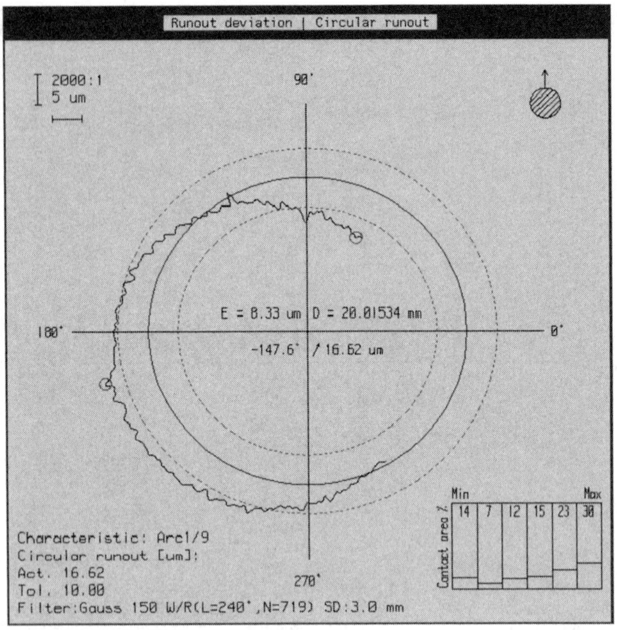

(c)带键槽圆跳动误差测量结果

图 5.23　水泵轴测量结果

5.3.3　超景深三维显微系统

材料表面的几何形貌特性在很大程度上影响着材料的许多基本性能和使用功能,材料表面显微形貌的分析与表征对材料的研究有着重要意义。材料表面显微形貌在二维平面的分析,应用于科学研究和工程实际已有半个多世纪。随着分析技术手段的发展与进步,具备超景深连续变倍功能的体视显微镜可对材料表面显微形貌在 z 轴方向逐层采集图像,如图 5.24 所示,通过将采集的图像堆叠生成高度图,从而实现了材料表面显微三维形貌的可视化。

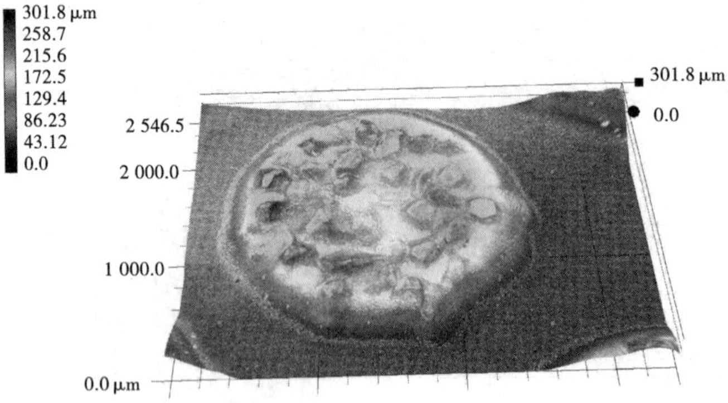

图 5.24　材料表面显微形貌可视化

三维立体形貌将二维图像中难以识别的形状清晰地呈现出来,为分析材料显微表面纹理、粗糙度、孔隙深度等重要指标提供了途径。体视显微镜高景深、制样简便的特性也使材料表面显微形貌分析更加高效。一方面,将表面显微形貌三维视图与三维高度图进行叠加渲染,可以得到更为直观的表面显微形貌三维高度纹理叠加图,在保留材料表面显微形貌特征的前提下显示更多有关形貌的几何尺寸细节,从而为材料表面显微形貌的分析与表征提供支持。另一方面,可以采用相关的三维工具对三维图像进行平移、旋转、缩放等操作,测量其中的距离、轮廓、体积、角度以及任意剖视截面图的高度、宽度、凹凸等数据,为材料表面显微形貌分析与表征进行深入分析提供更多的手段。

超景深三维显微镜集体视显微镜、工具显微镜和金相显微镜于一体,可以观察传统光学显微镜由于景深不够而不能看到的显微世界。其应用领域可以拓展到光学显微镜和扫描电子显微镜(SEM)之间。它具有独特的环形照明技术,并配有斜照明、透射光和偏振光,能满足一般的金相照片拍摄、宏观的立体拍摄和非金属材料的拍摄,还可以拍摄动态的显微录像,光彩夺目的一面。

如图5.25所示,以基恩士公司的VHX-1000C数码显微系统为例,该系统由以下单元组成:VHX-1000C控制器,OP-87306控制板,VHX-1100相机单元,VHX-S50自由角度观察系统。其中,VHX-1000C控制器用于显示观察量测画面,执行菜单操作,实现导航功能;使用OP-87306控制板可快速对图像进行各项操作;通过VHX-1100相机单元对图像色调、亮度与焦点进行调整;通过VHX-S50自由角度观察系统可对产品进行自由角度观察。

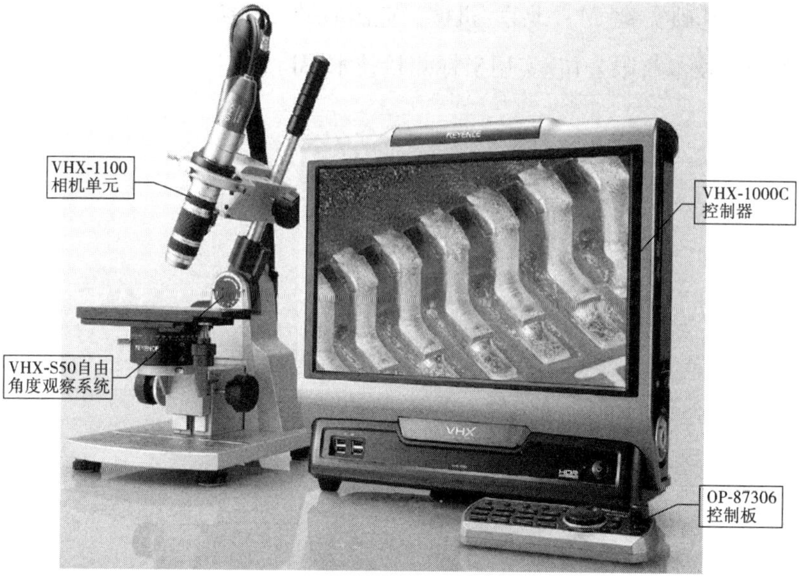

图5.25　VHX-1000C结构组成

参考文献

[1] 刘品,张也晗.机械精度设计与检测基础[M].10 版.哈尔滨:哈尔滨工业大学出版社,2019.

[2] 赵熙萍.机械精度设计与检测基础实验指导书[M].哈尔滨:哈尔滨工业大学出版社,2017.

[3] 宋立权.机械基础实验[M].北京:机械工业出版社,2007.

[4] 海克斯康测量技术有限公司.实用坐标测量技术[M].北京:化学工业出版社,2007.

附录

机 械 精 度 检 测
学 生 实 验 报 告

实验课程名称______________________________

开 课 实 验 室______________________________

学　　院__________ 年　级________ 专业班__________

教 学 班 号______________________________

学 生 姓 名__________________ 学　号__________________

开 课 时 间__________ 至__________ 学年第________ 学期

实验 1	实验 2	实验 3	实验 4	实验 5	总成绩	教师签名

实验1　实验报告

开课实验室：　　　　　　　　　　　　　　　　　　　　　　　年　　月　　日

实验名称	轴孔类零件测量及合格性判断	指导教师		成绩	

1. 实验目的

2. 实验原理、内容及涵盖的知识点

3. 用扭簧比较仪测量轴径

(1)实验仪器设备

(2)实验步骤

(3)实验记录

<table>
<tr><td rowspan="2">仪器</td><td>名　称</td><td>分度值
/mm</td><td>量具的不确定度
/μm</td><td>计量器具不确定
允许值度/μm</td><td>安全裕度 A
/μm</td></tr>
<tr><td></td><td></td><td></td><td></td><td></td></tr>
</table>

<table>
<tr><td rowspan="3">被测零件</td><td rowspan="2">名　称</td><td rowspan="2">基本尺寸
/mm</td><td colspan="2">极限偏差/μm</td><td rowspan="2">圆度公差 t
/μm</td></tr>
<tr><td>上偏差</td><td>下偏差</td></tr>
<tr><td></td><td></td><td></td><td></td><td></td></tr>
</table>

①被测量工件

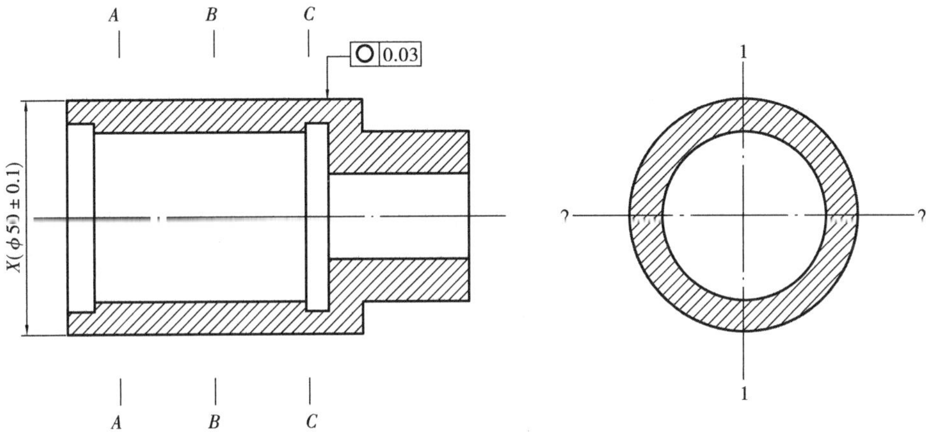

②测量数据

<table>
<tr><td colspan="2">测量数据</td><td colspan="3">实际尺寸/mm</td></tr>
<tr><td colspan="2">测量位置</td><td>A—A</td><td>B—B</td><td>C—C</td></tr>
<tr><td rowspan="2">测量值</td><td>1—1</td><td></td><td></td><td></td></tr>
<tr><td>2—2</td><td></td><td></td><td></td></tr>
<tr><td colspan="5">圆度误差 f:</td></tr>
</table>

③计算验收极限

上验收极限 =

下验收极限 =

4. 用内径指示表测量孔径

(1)实验仪器设备

(2)实验步骤

(3)实验记录

仪器	名　称	分度值/mm	量具的不确定度/μm	计量器具不确定允许值度/μm	安全裕度 A/μm

被测零件	名　称	基本尺寸/mm	极限偏差/μm		圆度公差 t/μm
			上偏差	下偏差	

①被测量工件

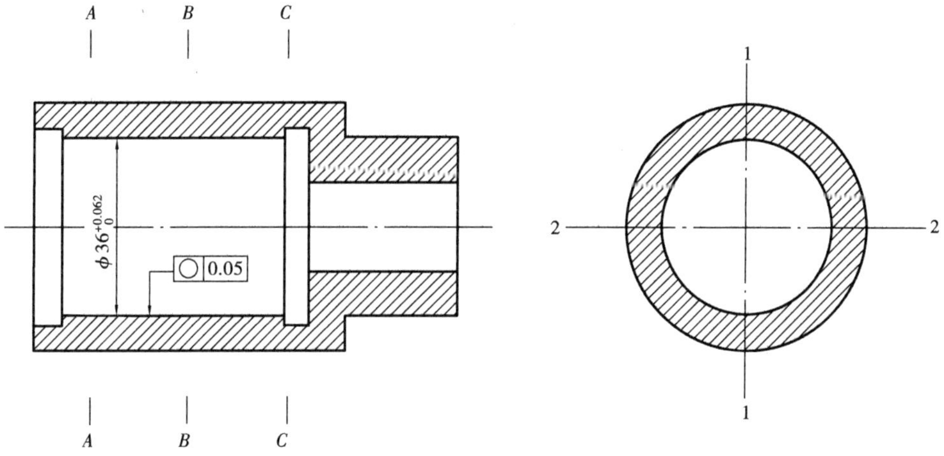

②测量数据

测量数据		实际尺寸/mm		
测量位置		A—A	B—B	C—C
测量值	1—1			
	2—2			
圆度误差 f:				

③计算验收极限

上验收极限 =

下验收极限 =

5. 零件尺寸合格性判断

①零件标注如图 1 所示，所测量的孔是否合格？

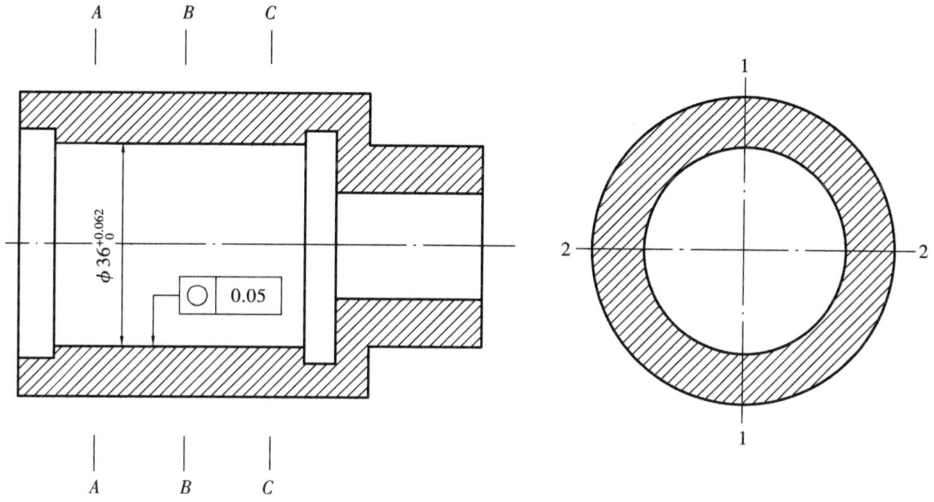

图 1

合格性结论：

理由：

②零件标注如图 2 所示，所测量的孔是否合格？

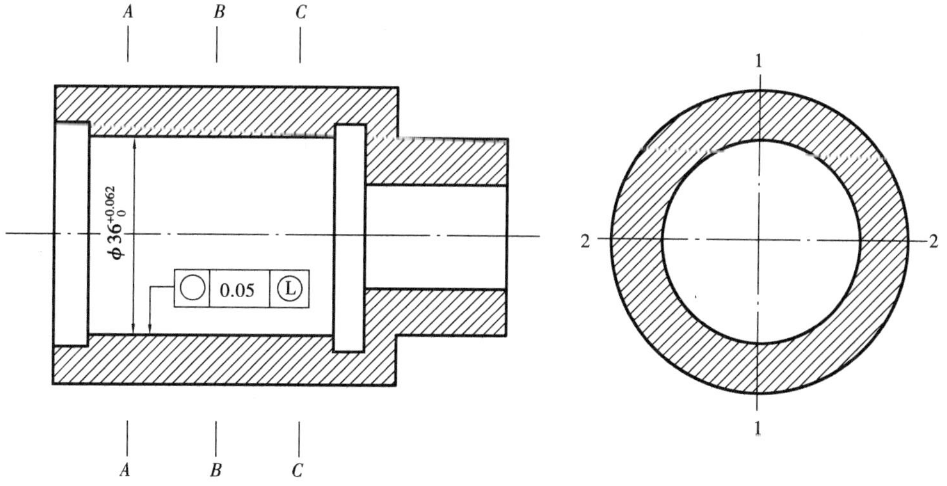

图 2

合格性结论：

理由：

③零件标注如图 3 所示，所测量的孔是否合格？

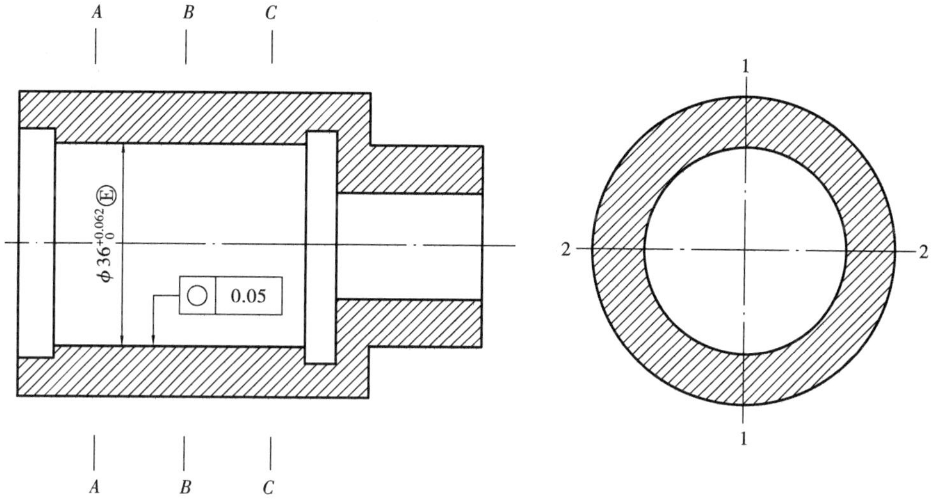

图 3

合格性结论：

理由：

④零件标注如图 4 所示，所测量的孔是否合格？

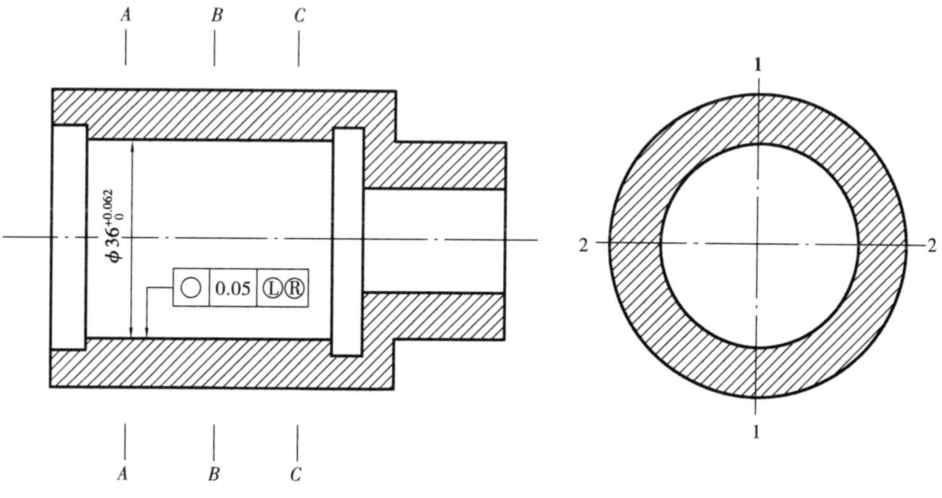

图 4

合格性结论：

理由：

实验2　实验报告

开课实验室：　　　　　　　　　　　　　　　　　　　　　年　　月　　日

实验名称	形位公差测量	指导教师		成绩	

1. 实验目的

2. 实验原理、内容及涵盖的知识点

3. 基准外圆表面 *A* 和 *B* 的径向圆跳动误差测量

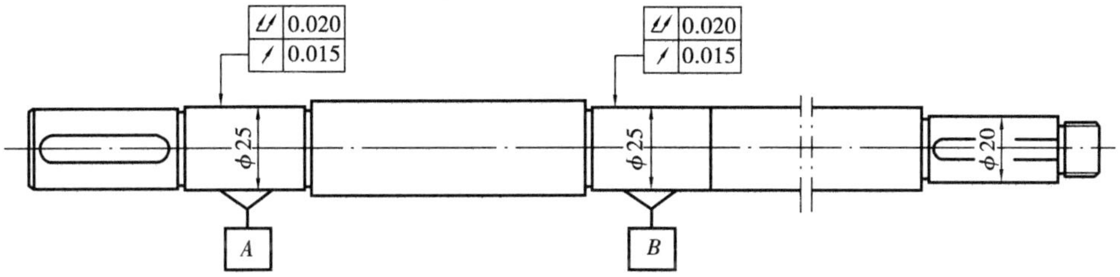

(1) 使用仪器设备

(2) 实验步骤

(3)实验记录

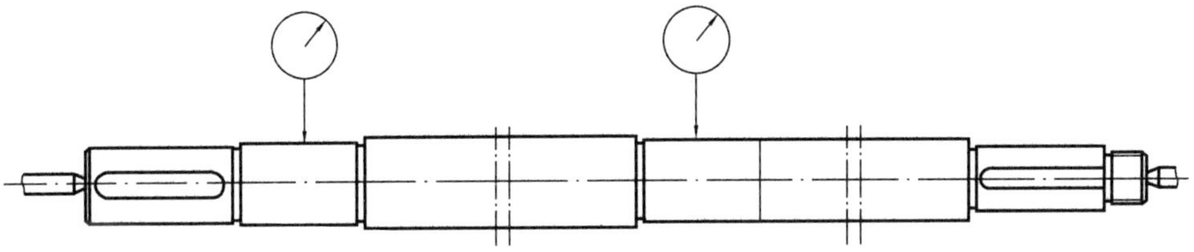

基准外圆表面 *A*:测量数据		基准外圆表面 *B*:测量数据	
1		1	
2		2	
3		3	
径向圆跳动误差		径向圆跳动误差	
径向全跳动误差		径向全跳动误差	
合格性判断		合格性判断	

4. 水泵轴与叶轮配合处外圆相对于基准外圆 A、B 的径向圆跳动误差测量

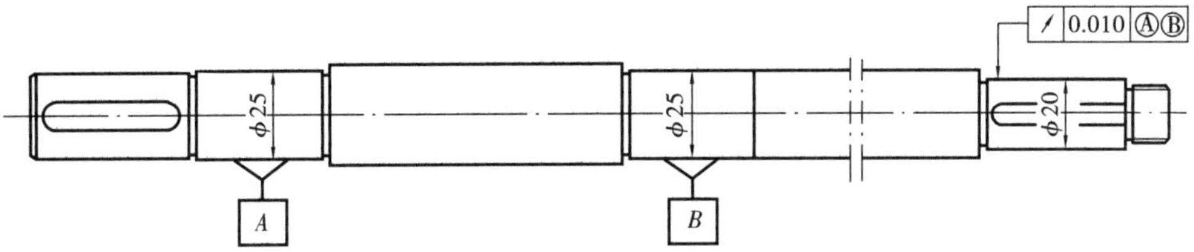

(1)使用仪器设备

(2)实验步骤

(3)实验记录

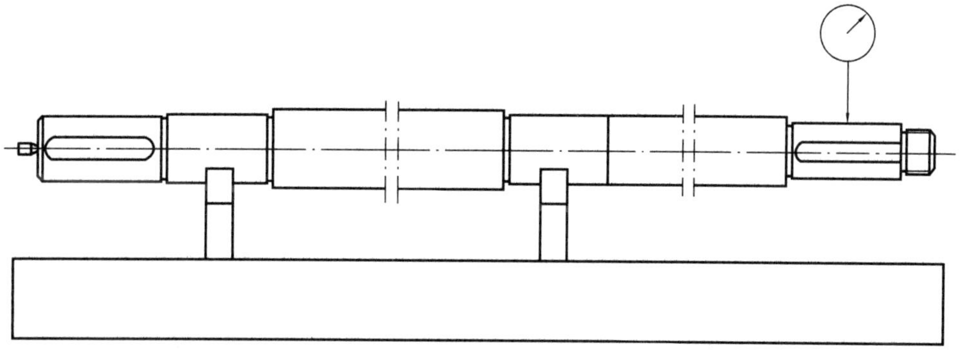

径向圆跳动测量数据	
1	
2	
3	
径向圆跳动误差	
合格性判断	

5. 齿轮端面圆跳动误差测量

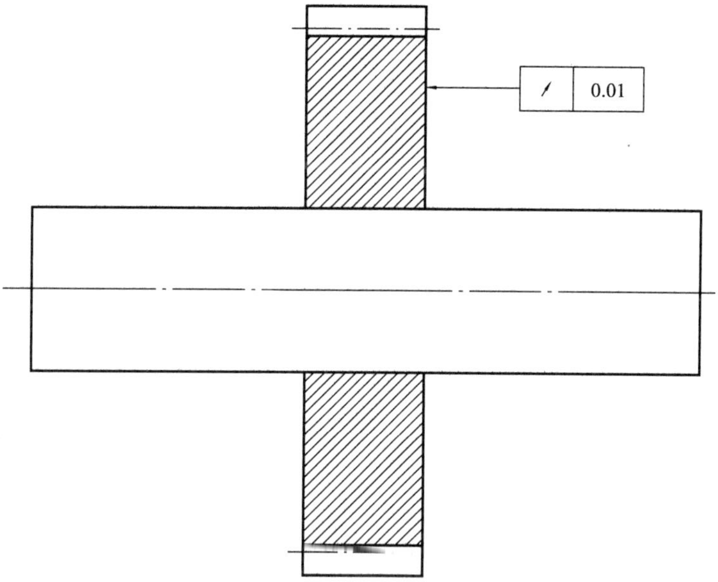

(1)使用仪器、材料

(2)实验步骤

(3)实验记录

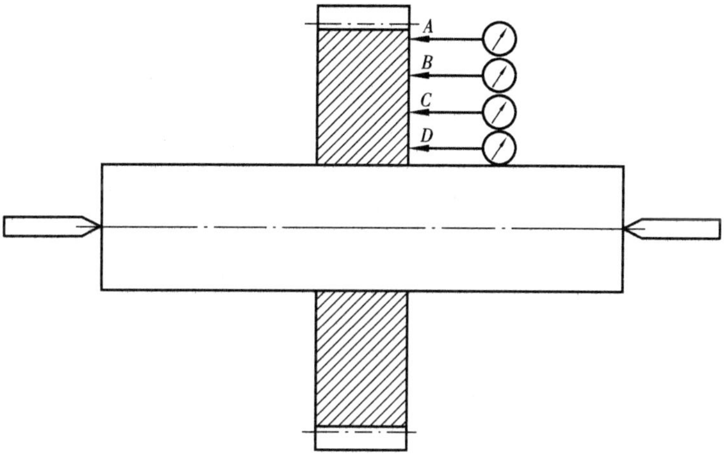

齿轮端面圆跳动测量数据	
A	
B	
C	
D	
端面圆跳动误差	
合格性判断	

6. 水泵轴直线度误差测量

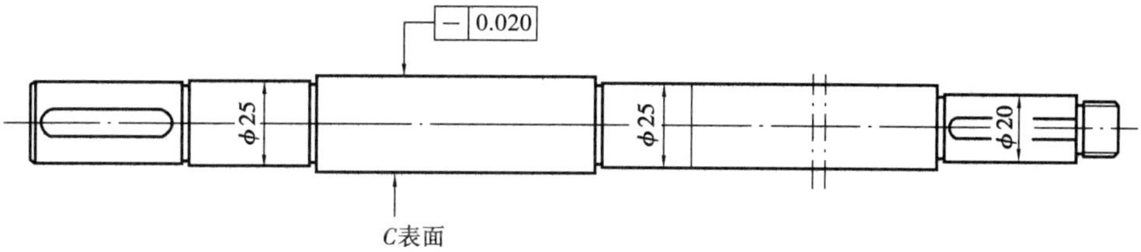

(1) 使用仪器、材料

(2) 实验步骤

(3) 实验记录

		1	2	3	4	5	直线度
素线 *A*	去程						
	回程						
	均值						
素线 *B*	去程						
	回程						
	均值						
水泵轴轴段 *C* 直线度							

①素线 *A* 端点法

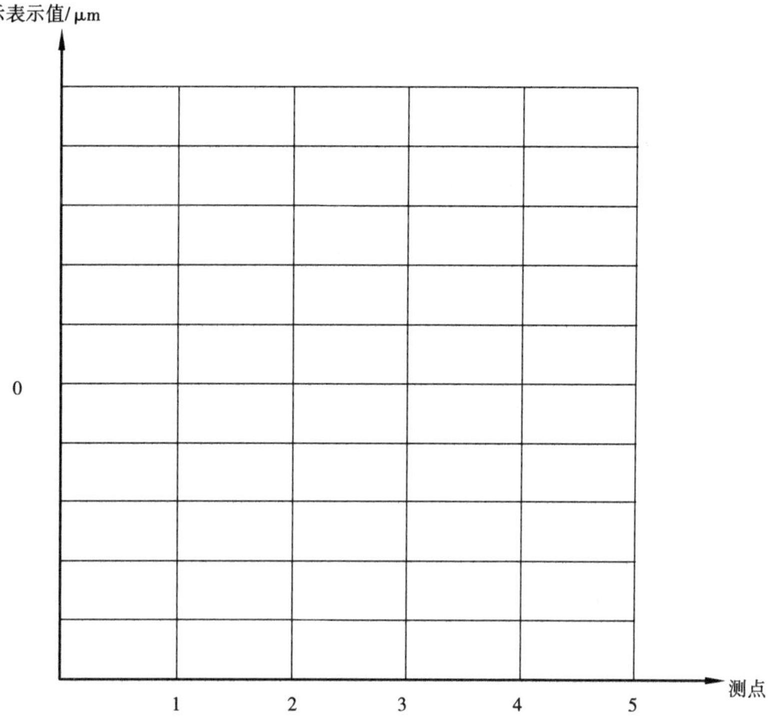

②素线 *A* 最小条件法

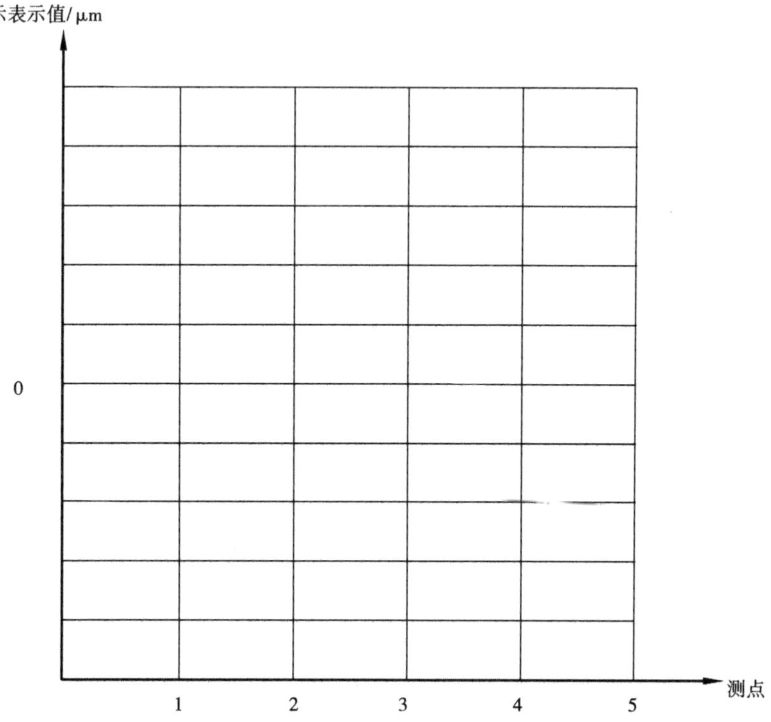

③素线 *B* 端点法

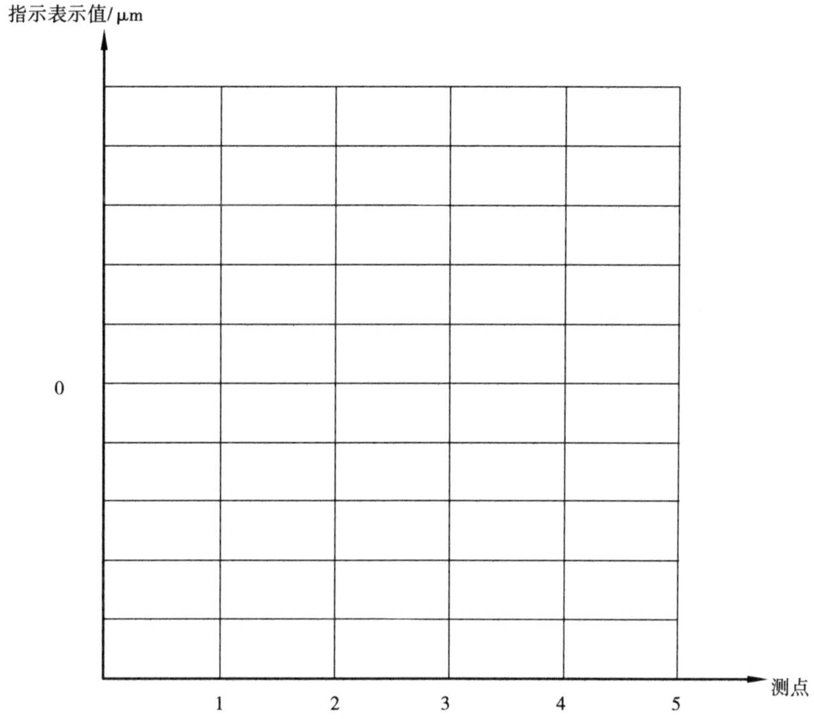

④素线 *B* 最小条件法

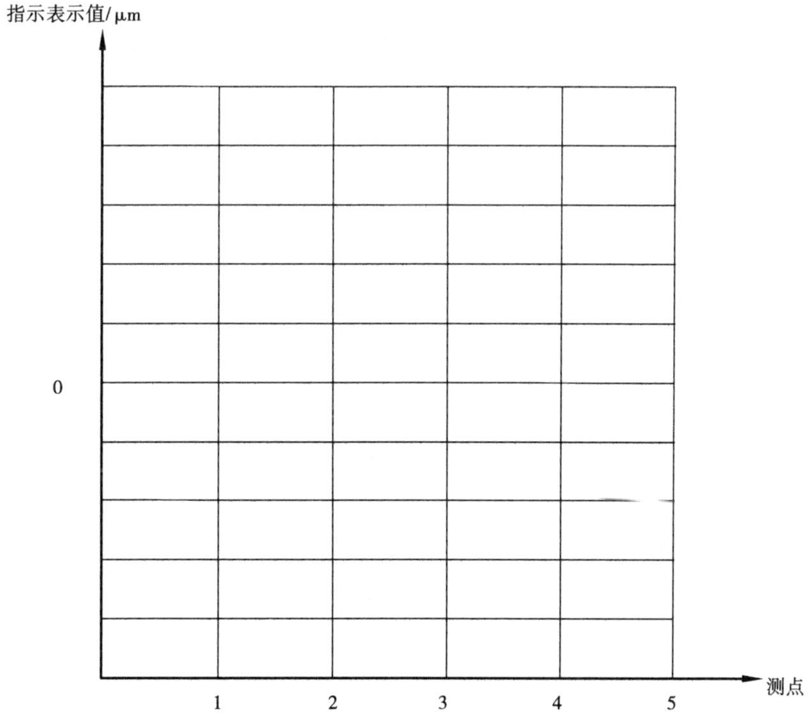

7. 平面度误差测量

(1)使用仪器、材料

*a*1	*a*2	*a*3
*b*1	*b*2	*b*3
*c*1	*c*2	*c*3

(2)实验步骤

(3)实验记录

<table>
<tr><th></th><th colspan="2">1</th><th colspan="2">2</th><th colspan="2">3</th></tr>
<tr><td rowspan="3">a</td><td></td><td rowspan="3"></td><td></td><td rowspan="3"></td><td></td><td rowspan="3"></td></tr>
<tr><td></td><td></td><td></td></tr>
<tr><td></td><td></td><td></td></tr>
<tr><td rowspan="3">b</td><td></td><td rowspan="3"></td><td></td><td rowspan="3"></td><td></td><td rowspan="3"></td></tr>
<tr><td></td><td></td><td></td></tr>
<tr><td></td><td></td><td></td></tr>
<tr><td rowspan="3">c</td><td></td><td rowspan="3"></td><td></td><td rowspan="3"></td><td></td><td rowspan="3"></td></tr>
<tr><td></td><td></td><td></td></tr>
<tr><td></td><td></td><td></td></tr>
</table>

实验3　实验报告

开课实验室：　　　　　　　　　　　　　　　　　　　　　　　　年　　月　　日

实验名称	零件表面粗糙度测量	指导教师		成绩	

1. 实验目的

2. 实验原理、内容及涵盖的知识点

3. 比较法及针描法进行粗糙度测量

(1)实验仪器设备

(2)实验步骤

(3)实验记录

针描法	仪器名称	规格型号

①被测量工件

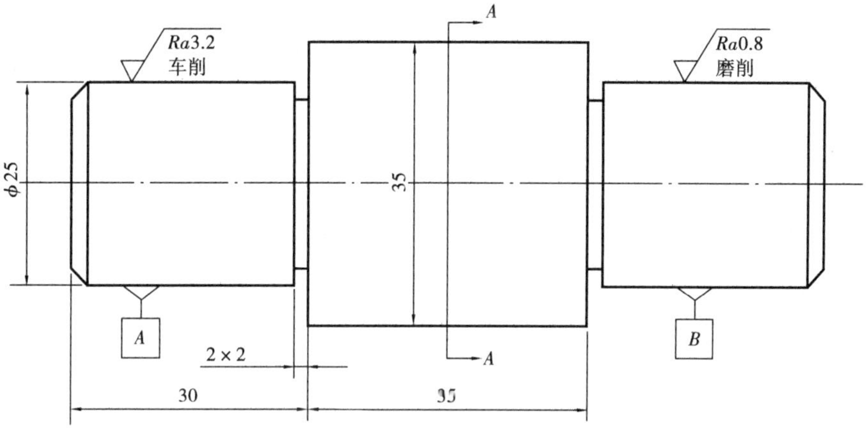

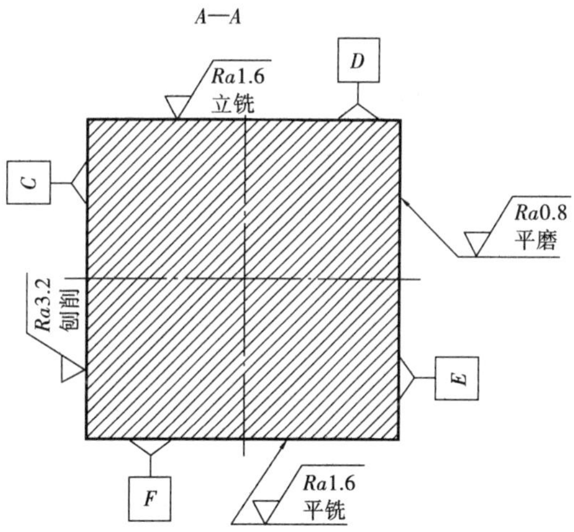

②测量数据

测量表面	测量位置	比较法			针描法		
		粗糙度样板测量范围	视觉法测量	触觉法测量	采样长度/mm	评定长度/mm	粗糙度仪测量
A	测点 1		*Ra* =	*Ra* =			*Ra* =
	测点 2		*Ra* =	*Ra* =			*Ra* =
B	测点 1		*Ra* =	*Ra* =			*Ra* =
	测点 2		*Ra* =	*Ra* =			*Ra* =
C	测点 1		*Ra* =	*Ra* =			*Ra* =
	测点 2		*Ra* =	*Ra* =			*Ra* =
D	测点 1		*Ra* =	*Ra* =			*Ra* =
	测点 2		*Ra* =	*Ra* =			*Ra* =
E	测点 1		*Ra* =	*Ra* =			*Ra* =
	测点 2		*Ra* =	*Ra* =			*Ra* =
F	测点 1		*Ra* =	*Ra* =			*Ra* =
	测点 2		*Ra* =	*Ra* =			*Ra* =

实验 4　实验报告

开课实验室：　　　　　　　　　　　　　　　　　　　　　　　　年　　月　　日

实验名称	齿轮参数及精度测量	指导教师		成绩	
1. 实验目的 2. 实验原理、内容及涵盖的知识点					

3. 齿轮参数测量

(1)使用仪器、材料

(2)实验步骤

(3)实验记录

<table>
<tr><td colspan="2">齿轮编号</td><td colspan="4"></td></tr>
<tr><td colspan="2">项　目</td><td colspan="3">测量数据</td><td>平均值</td></tr>
<tr><td colspan="2">齿　数</td><td colspan="3"></td><td></td></tr>
<tr><td rowspan="4">跨距
/mm</td><td rowspan="2">W_K
(W_{Kn})</td><td></td><td></td><td></td><td rowspan="2"></td></tr>
<tr><td></td><td></td><td></td></tr>
<tr><td rowspan="2">W_{K+1}
($W_{n(K+1)}$)</td><td></td><td></td><td></td><td rowspan="2"></td></tr>
<tr><td></td><td></td><td></td></tr>
<tr><td colspan="2">顶圆直径 d_a/mm</td><td colspan="4"></td></tr>
<tr><td colspan="2">根圆直径 d_f/mm</td><td colspan="4"></td></tr>
<tr><td colspan="2">跨测齿数 K</td><td colspan="4"></td></tr>
<tr><td colspan="2">模数 m/mm</td><td>计算值</td><td></td><td>取值</td><td></td></tr>
<tr><td colspan="2">压力角 $\alpha(\alpha_n)$/(°)</td><td colspan="4"></td></tr>
<tr><td colspan="2">变位系数 $x(x_n)$</td><td>计算值</td><td></td><td>取值</td><td></td></tr>
<tr><td colspan="2">齿顶高系数 $h_a^*(c_n^*)$</td><td colspan="4"></td></tr>
<tr><td colspan="2">顶隙系数 $c^*(c_n^*)$</td><td colspan="4"></td></tr>
<tr><td colspan="2">判别该齿轮为何种齿轮</td><td colspan="4">标准齿轮/变位齿轮</td></tr>
</table>

4. 齿圈径向跳动 ΔF_r 测量

(1)使用仪器、材料

(2)实验步骤

(3)实验记录

齿　数	1	2	3	4	5	6	7	8	9	10	11	12
百分表读数												
齿　数	13	14	15	16	17	18	19	20	21	22	23	24
百分表读数												
齿　数	25	26	27	28	29	30	31	32	33	34	35	36
百分表读数												
齿　数	37	38	39	40	41	42	43	44	45	46	47	48
百分表读数												
ΔF_r	$\Delta F_r = r_{max} - r_{min} =$											

5. 齿厚偏差ΔE_s的测量

(1)使用仪器、材料

(2)实验步骤

(3)实验记录

直齿圆柱齿轮的公称分度圆弦齿厚$S_{弦}$和弦齿高$h_{弦}$可按下式计算:

$$h_{实} = m \times \{1 + z/2 \times [1 - \cos(90°/z)]\} - (D_e - D'_e)/2 =$$

式中:D_e为公称齿顶圆直径;D'_e为实测齿顶圆直径。

齿　数	1	2	3	4	5	6	7	8	9	10	11	12
齿厚游标尺读数												
齿　数	13	14	15	16	17	18	19	20	21	22	23	24
齿厚游标尺读数												
齿　数	25	26	27	28	29	30	31	32	33	34	35	36
齿厚游标尺读数												
齿　数	37	38	39	40	41	42	43	44	45	46	47	48
齿厚游标尺读数												
$\bar{s}$	$\bar{s} = S_{弦} = m \cdot z \cdot \sin(90°/z)$											
$\Delta E_{s\max}$						$\Delta E_{s\min}$						

6. 公法线平均长度偏差ΔE_{wm}和公法线长度变动ΔF_{w}的测量

（1）使用仪器、材料

（2）实验步骤

（3）实验记录

跨齿数：$k=(z/9)+0.5=$					
公法线长度					
一	二	三	四	五	六
ΔE_{wm}	$\Delta E_{wm}=\frac{1}{6}\sum_{i=1}^{6}W_{k(实测)}-W_{k(公称)}=$				
ΔF_{w}	$\Delta F_{w}=W_{max}-W_{min}=$				

实验5　实验报告

开课实验室：　　　　　　　　　　　　　　　　　　　　　　　　年　　月　　日

实验名称	先进机械精度检测技术	指导教师		成绩	

1. 实验目的

2. 心得体会(可另附页打印输出)